震撼腾龙洞 雄奇大峡谷

——湖北恩施腾龙洞大峡谷国家地质公园探秘

鄢心武 罗 伟 杨镇企 等著
黄世吉 韩道山 宋盈滨

中国地质大学出版社

内容简介

本书结合当前地质公园理论研究与实践发展的热点话题，系统阐述了湖北恩施腾龙洞大峡谷国家地质公园基本概况、地质背景、地质景观特征、成因演化、资源价值评价、地学科普解说、地学科普路线设计、资源保护及周边自然与人文景观等相关内容。本书内容覆盖面广，图文素材翔实，深入浅出，注重地质公园科考实践、地学科普与研学旅行的有机结合，融专业性、通识性与趣味性为一体。

图书在版编目(CIP)数据

震撼腾龙洞　雄奇大峡谷:湖北恩施腾龙洞大峡谷国家地质公园探秘/鄢志武等著. —武汉:中国地质大学出版社,2022.9
　　ISBN 978-7-5625-5385-4

Ⅰ.①震… Ⅱ.①鄢… Ⅲ.①地质-国家公园-研究-恩施 Ⅳ.①S759.992.634

中国版本图书馆CIP数据核字(2022)第156882号

震撼腾龙洞　雄奇大峡谷
——湖北恩施腾龙洞大峡谷国家地质公园探秘

鄢志武　罗　伟　杨镇全
黄世吉　韩道山　宋盈滨　等著

责任编辑:胡珞兰	责任校对:何澍语
出版发行:中国地质大学出版社(武汉市洪山区鲁磨路388号)	邮政编码:430074
电　　话:(027)67883511　　传　　真:(027)67883580	E-mail:cbb@cug.edu.cn
经　　销:全国新华书店	http://cugp.cug.edu.cn
开本:787毫米×960毫米　1/16	字数:219千字　印张:11.5
版次:2022年9月第1版	印次:2022年9月第1次印刷
印刷:湖北新华印务有限公司	
ISBN 978-7-5625-5385-4	定价:58.00元

如有印装质量问题请与印刷厂联系调换

作者简介

鄢志武，男，1962年10月生，湖北武穴人。1982年毕业于武汉地质学院地质学专业，获学士学位；1987年毕业于中国地质大学（武汉）地貌学与第四纪地质学专业，获硕士学位。现为中国地质大学（武汉）经济管理学院旅游管理系教授，旅游管理、地理学专业硕士研究生导师，主要从事景观地貌与旅游资源评价、规划及地质科普研学旅游等方面的应用研究。目前兼任：中国地质大学（武汉）旅游发展研究院副院长，国家地质公园和国家矿山公园评审专家，全国科普研学指导专家，中国旅游景区协会专家委员会委员，中国地质学会旅游地学与地质公园委员会委员，中国地质学会洞穴委员会委员，湖北省旅游发展决策咨询专家，湖北省自然保护地专家委员会、评审委员会委员、地质与自然遗产组副组长等。

罗伟，男，1984年11月生，河南信阳人。2009年、2012年毕业于中国地质大学（武汉）并分别获得理学硕士和工学博士学位。现为武汉轻工大学人事处（教师发展中心）副处长（副主任）、旅游管理专业副教授，旅游管理、农业管理专业硕士生导师，主要从事旅游地学与地质公园、乡村旅游与旅游规划等方面的教学和科研工作。目前兼任：武汉市文旅局旅游规划评审专家、武汉市中小学生研学旅行评审专家、湖北省文旅厅导游人员资格考试现场面试评委、湖北省研学导师专项委员会专家顾问等。

前言

地球在漫长的地质历史演变过程中,由于内外力地质作用,形成了种类繁多的地质遗迹和千姿百态的地貌景观。以地质遗迹及地质景观为基础建立地质公园,不仅保护了地质遗迹,实现了地质资源的可持续利用,而且为科学研究和科学知识普及提供了重要场所。

2004年作者团队受邀来到利川腾龙洞、恩施大峡谷及周边地区调研,先后完成省级地质公园申报材料、地质遗迹保护项目可行性研究报告、恩施腾龙洞大峡谷国家地质公园申报材料等编制。在2013年底的第7批国家地质公园资格评审中,恩施腾龙洞大峡谷地质公园以全国总分第一名的成绩顺利通过评审并获国家地质公园资格;接着团队受邀连续编制了《恩施腾龙洞大峡谷国家地质公园规划》《地质遗迹名录》《科普考察线路说明书》《地质科学调查与研究报告汇编》《地质公园导游词》等报告。恩施土家族苗族自治州各级领导非常重视恩施腾龙洞大峡谷国家地质公园规划及园区建设工作,严格按照规划要求,完成了各项配套设施的建设,最终于2019年9月被国家林业和草原局正式授牌命名"湖北恩施腾龙洞大峡谷国家地质公园"。

在此期间,中国科学院翟裕生院士、殷鸿福院士,中国工程院卢耀如院士,旅游地学奠基人——中国地质科学院陈安泽教授,中国洞穴研究会会长朱学稳教授等老一辈地质学家和旅游地学权威专家亲临现场指导,每每想起我都倍感振奋和感激。如今我们很欣慰地看到,在保护地质遗迹资源和生态环境的前提下,腾龙洞大峡谷地质公园所在地区通过发展旅游业,先后建成了恩施大峡谷和利川腾龙洞两处国家AAAAA级旅游景区,不仅带动了居民就业和当地经济的快速发展,而且改变了乡村风貌,有力地推动了利川和恩施贫困落后地区的旅游脱贫与乡村振兴。

截至2019年12月,恩施腾龙洞大峡谷国家地质公园申报、规划及批复等全部工作结束,我们团队先后得到了中国地质科学院岩溶地质研究所、利川市黑洞户外探险俱乐部、恩施土家族苗族自治州国土资源局(现州自然资源和规划局)、恩施土家族苗族自治州旅游局(现州文化和旅游局)、中共利川市委宣传部、中共恩施市委宣传部、利川市国土资源局(现市自然资源和规划局)、恩施市国土资源局(现市自然资源和规划局)、利川市旅游局(现市文化和旅游局)、恩施市旅游局(现市文化和旅游局)、恩施腾龙洞大峡谷国家地质公园管理局、湖北省第二地质大队、利川腾龙风景区旅游资源开发有限公司、恩施大峡谷旅游开发有限公司、利川市融媒体中心、恩施土司城景区、恩施大清江景区、利川玉龙洞景区等单位的大力帮助和支持,在此我们表示衷心的感谢。

本书基于10余年调查研究的科研成果,系统阐述了湖北恩施腾龙洞大峡谷国家地质公园的基本概况、地质背景、地质遗迹类型与特征、成因与演化、资源评价与等级划分、科学研究与科普解说、资源保护及旅游指南、周边自然与人文景观等相关内容,内容覆盖面广,图文素材翔实,深入浅出,注重地质公园科考实践、地学科普与研学旅行的有机结合,融专业性、通识性与趣味性为一体,期待能为今后的地质研学科普、旅游科普导游等提供参考和借鉴。

本书第一至第三章、第五章由中国地质大学(武汉)鄢志武撰写,第四章由中国地质科学院岩溶地质研究所韩道山撰写,第六至第九章由武汉轻工大学罗伟撰写,杨镇全协助撰写第一章并提供腾龙洞影像资料,黄世吉协助撰写第九章并提供大峡谷影像资料,文中的图件及效果图由宋盈滨绘制,本书中的相关资料主要来源于作者团队在此地主持省级和国家级地质公园申报、规划和建设期间的实地调研数据,在编写过程中,还参考了一些文献、报告、书籍和互联网资料。当然文中可能也存在一些不足或片面之处,望能得到专家和同行们的批评指正。

壬寅虎年春于武汉

目 录 MULU

第一章　公园纵览 ·············· 1
　　地质公园概况 ·············· 2
　　地质公园属地概览 ·············· 4

第二章　斗转星移　漫长地质史 ·············· 9
　　区域地质 ·············· 10
　　区域地层 ·············· 10
　　区域构造 ·············· 12
　　地质演化史 ·············· 15

第三章　奇秀灵美　立体喀斯特 ·············· 17
　　地质遗迹景观类型 ·············· 18
　　走进公园 ·············· 20

第四章　奇妙喀斯特的前世今生 ·············· 81
　　喀斯特地貌的由来与种类 ·············· 82
　　地质遗迹景观之形成条件 ·············· 83
　　奇妙景观的地质历史演化过程 ·············· 85
　　核心地质景观的成景时期 ·············· 97

第五章　公园价值几许 …………101
地质遗迹价值评价 …………102
地质遗迹比较与等级划分 …………108

第六章　公园科学研究与科普解说实践 …………119
公园科学研究 …………120
建立公园解说系统 …………120
地质公园科学普及行动 …………124

第七章　地质遗迹与生态人文保护 …………131
地质遗迹保护 …………132
生态环境与人文景观保护 …………136

第八章　地质公园周边旅游景观 …………143
周边自然旅游景观 …………144
周边人文旅游景观 …………150
少数民族风情资源 …………153

第九章　旅游资讯 …………157
旅游交通 …………158
旅游产品 …………158
地方美食 …………164
住宿设施 …………166
旅游服务 …………167
精品线路 …………169
咨询投诉 …………171

主要参考文献 …………172

后　记 …………173

第一章
公园纵览

DI YI ZHANG
GONGYUAN ZONGLAN

地质公园概况

湖北恩施腾龙洞大峡谷地质公园拥有清江伏流、腾龙洞洞穴系统、恩施大峡谷和石柱式峰林等立体喀斯特地貌景观，是集科考科普、观光览胜、休闲度假、养生健身、民族文化为一体的自然公园。地质公园总面积103.8km²，分为两个园区，即腾龙洞大峡谷园区、朝东岩园区。2014年1月9日，腾龙洞大峡谷被国土资源部授予国家地质公园资格。

地质公园位于湖北省恩施土家族苗族自治州的利川市和恩施市境内（图1-1），地理位置：北纬30°19′23″—30°27′6″，东经108°57′45″—109°17′36″。公园西北、西南与重庆市的奉节、云阳、万州、石柱、彭水、黔江毗邻，西距重庆市万州100km，东距宜昌310km、距武汉590km，南距湖南省张家界360km。

地质公园所在地交通便利，许家坪机场为恩施主要机场，已开通武汉、北京、上海、广州、深圳、西安、郑州、海口、太原等航线，每天可起降22架次航班。宜万铁路和沪渝高速公路西段横贯公园以南全境，目前有恩施站、利川站、建始站、巴东站4处车站；以恩施站、利川站为途经车站的铁路交通干线每天多达70车次以上，可以通往北京、上海、广州、深圳、武汉、重庆、成都、杭州、郑州、南昌、福州、厦门、青岛、宁波、温州、宜昌、黄冈等地。G50沪渝高速公路及318国道、242国道、209国道在境内穿越，宜万铁路纵贯全境。目前郑万高铁已于2022年7月正式通车，公园周边交通得到了进一步改善。

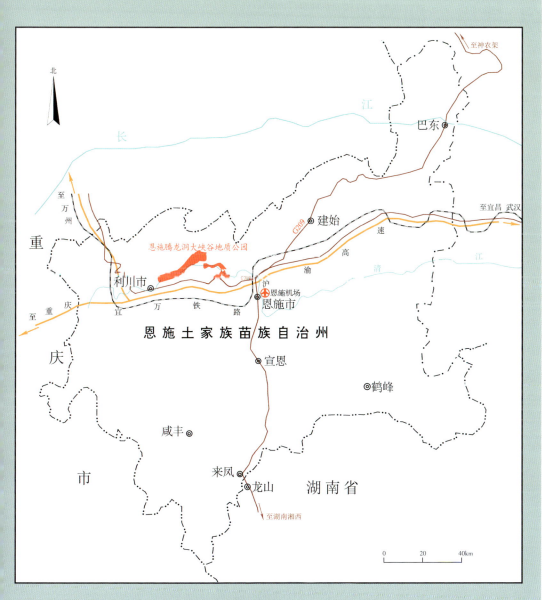

图1-1 恩施腾龙洞大峡谷国家地质公园交通位置图

地质公园属地概览

一、自然地理条件

1. 地形地貌

腾龙洞与恩施大峡谷景区系云贵高原东北延伸部分,位于大巴山和武陵山脉交会地带,山地、峡谷、丘陵、山间盆地及河谷平川相互交错。公园范围内以中低山山地为主,总的地势是东北高而西南低,中部较为平坦。四周山峦起伏,最高点位于恩施石门子,海拔2078m,区内海拔一般超过1000m,东部稍微降低一些,平均海拔在800m以上。境内大小山峰共有15 124座。莽莽齐岳山,平均海拔1600m,呈北东向延伸,绵亘于本区的西部,将公园在地理上分为两部分:西部与四川盆地相连,从齐岳山往西地势渐低,沟壑纵横,地形破碎;东部属鄂西山地的一部分,地势较高,形如不规则碟状隆起。周缘地势高耸,河谷深切,山峦叠嶂,奇峰突兀,多峭壁陡崖。石坝、柏杨、利川组成的三角形地带,地势起伏不大,海拔多为1000~1200m,平坝地区较多,有学者称之为利川盆地。

区内形成以喀斯特地貌为主要特征的中山、中低山喀斯特地貌景观,团堡至马踏井为溶蚀中低山峰丛地貌,多见溶蚀洼地、落水洞、溶洞发育。马踏井至终点马鞍龙一带为中低山峡谷地貌,河谷岸边可见峰丛、孤峰、悬崖峭壁等,沟谷以"V"形峡谷为主,属深切割区。恩施腾龙洞大峡谷地质公园的海拔高程多在500~1400m之间。腾龙洞洞穴系统发育于下三叠统嘉陵江组灰岩和白云质灰岩中;恩施大峡谷主体发育在下三叠统大冶组灰岩、泥质灰岩中。地壳运动、清江水的溶蚀侵蚀、重力崩塌成为本区地貌形成的基本动力条件。

2. 河流水系

公园一级水系为清江,次一级支流主要有团堡河、云龙河、见天河等。

清江:湖北省境内仅次于汉江的第二大河流,发源于齐岳山东麓的龙洞暗河,向东流至利川转向北东,在"卧龙吞江"落水洞潜入地下成伏流,于黑洞东侧转为地表明河,向东流经木贡、屯堡,至龙凤坝直转南下,经恩施转向东流出调查区,在宜昌枝城汇入长江。利川市境内干流总长92.2km,恩施市境内干流总长127km,清江流经地质公园河段(包括明流、伏流在内)总长在48km以上,河道蜿蜒曲折,河床狭窄深切,显幽谷或峡谷景观。除恩施盆地外,阶地一般不发育,河床标高:龙洞1280m、利川1100m、"卧龙吞江"落水洞1062m、黑洞974m、木贡730m、龙凤坝440m、恩施420m。利川清江年平均流量17.6m³/s,恩施67m³/s。清江两岸支流多为3~5km长的冲沟溪流,长度大于20km的主要支流有龙凤坝、车坝、沐抚、团堡、湾滩等河流。支流暴涨暴落,具有典型山区峡谷河流特征。

团堡河:团堡河位于利川团堡镇内,是清江上游的一条支流,在团堡境内的桥落河进入伏流,出伏流在天鹅塘注入小溪河而后在屯堡汇入清江。

云龙河:云龙河位于恩施市境内,地处巫山山脉南麓,发源于四川与湖北交界,自北向南流经板桥、沐抚,全长32.2km,在大河扁流入清江,为清江上游一级支流、长江二级支流,云龙河沿开发有三级水电站。

在地质公园范围内,地表水除清江干流外,还有泉水、湖泊和瀑布等多种类型。较大的山泉有洞湾泉、乳泉、风洞泉、百背泉;湖(塘)有鲇鱼洞湖、深潭湖、观彩峡湖以及凉桥大坝人工湖;瀑布有"卧龙吞江"瀑布、响水洞瀑布、黑洞口瀑布、见天瀑布和凉桥大坝人工瀑布。

地质公园内地下水资源丰富,以岩溶水最为重要。清江以明流、伏流、地表峡谷等多种形式出现。伏流长度至少超过16.8km,集水面积389km²,年径流902.5mm。伏流入口处最大流量超过100m³/s,最小流量为0.53m³/s,平均流量17.60m³/s;伏流出口处最小流量0.9m³/s。

3. 气候土壤

公园气候为亚热带大陆性季风气候,因山峦起伏,沟壑幽深,海拔高度不同,气候差异明显,为典型的山地气候。夏无酷暑,云多雾大,日照较少,雨量充沛,空气潮湿。

海拔800m以下的低山带,四季分明,冬暖夏热,年平均气温16.7℃,年降水量1300~1600mm,日照时数1 409.2h。海拔800~1200m的高山地带,春迟秋早,潮湿多雨,日照偏低,年平均气温12.3℃,7月为最热月,平均气温为23.3℃,极端最高温度为35℃,极端最低温度为-15.4℃,无霜期232d,日照时数1 298.9h。年降水量1200~1400mm,平均相对湿度81%。降水主要集中在5~9月,此期间降水占全年的68%。海拔1200m以上的高山地带,气候寒冷,冬长夏短,风大雪多,易涝少旱,年平均气温11.1℃,无霜期210d,年降水量1378mm,日照时数1 518.9h。主要灾害性气候有低温连阴雨、干旱、暴雨洪涝、大风冰雹等。

公园区内土壤具有以黄棕壤为主体,棕壤和紫色土次之的土壤类型结构。黄棕壤土地面积占公园区总面积的57.33%,棕壤占14.8%(分布于较高山地),紫色土占13.95%(主要分布在西部低山)。其他土类,如黄壤、石灰土、草甸土等零星分布,数量很少。土地利用类型是以林牧用地为主体,林牧用地占土地面积的64.23%,耕地占20.35%,其他用地为15.42%。

4. 动植物

公园有野生动物170余种,其中兽类45种、鸟类90种、爬行类19种、两栖类20种。国家一级保护野生动物(4种):豹、云豹、林麝、金雕;国家二级保护野生动物(20种):猕猴、大灵猫、小灵猫、斑羚、豺、黄嘴白鹭、白冠长尾雉、红腹锦鸡、勺鸡、红腹角雉、短耳鸮、长耳鸮、红角鸮、长脚秧鸡、鹰、鸢鹰、松雀鹰、白腹黑啄木鸟、穿山甲、大鲵;省级重点保护野生动物(9种):狐狸、貉、獾、果子狸、松鼠、豪猪、华南兔、黄鼬、豹猫。

公园有各类植物2500余种,其中维管束植物(含蕨类植物)138科411属1489种。国家一级重点保护树种(7种):水杉、珙桐、光叶珙桐、银杏、红豆杉、南方红豆杉、伯乐树;国家二级重点保护树种(24种):秃杉、篦子三尖杉、金钱松、榉树、红椿、黄杉、峨眉含笑、厚朴、凹叶厚朴、鹅掌楸、红豆树、花榈木、连香树、水青树、香果树、楠木、闽楠、樟树、榉树、毛红椿、喜树、川黄檗、翠柏、润楠。境内盛产坝漆、黄连、莼菜,同时也是地球上珍稀孑遗树种水杉树的发祥地,因此公园所在的利川市被誉为"坝漆之乡""黄连之乡""莼菜之乡""水杉之乡"。

二、经济社会发展

1. 人口与民族

恩施腾龙洞大峡谷国家地质公园地跨利川市东城街道、团堡、凉雾、柏杨及恩施市沐抚、屯堡、板桥等乡镇和办事处,除了汉族以外,还有土家族、苗族、侗族、壮族、藏族、畲族、白族等近10个少数民族。截至2019年,区域内共有49个村民小组,5049户,2.61万人。

2. 行政区划沿革

公园所在的恩施州州域曾多次变动,固定形成于1936年。春秋为巴子国地;战国为楚地;秦属黔中郡;汉属南郡、武陵郡;三国先属蜀,后属吴建平郡、武陵郡;两晋与南北朝宋、齐、梁、北周属建平郡、天门郡、武陵郡、信陵郡、秭归郡、业州军屯郡、清江郡;隋属巴东郡巴东县、清江郡清江县、开夷县、建始县;唐属归州巴东县、施州清江县、建始县;五代先后为前、后蜀所据;宋属归州巴东县、施州清江县、建始县,及辰州、富州、高州、定州等许多小羁縻州;元属归州巴东县、施州建始县,南部少数民族地区实行土司制度,先后置散毛、唐崖、金峒、龙潭、忠建、毛岭、施南等土司;元末明玉珍据蜀时本区为其所控制;明属夔州建始县、归州巴东县、施州卫军民指挥使司,南部地区仍实行土司制度,设有容美宣慰司,施南、散毛、忠建3个宣抚司,9个安抚司,13个长官司,5个蛮夷长官司。

清初沿用明制,雍正六年(1728年)裁施州卫,设恩施县,辖区未变,雍正十三年改土归流,置施南府,辖恩施县、宣恩县、来凤县、咸丰县、利川县。乾隆元年(1736年),夔州建始县划归施州,巴东县、鹤峰州属宜昌府。中华民国元年(1912年)废府设道存县;民国四年设荆南道,治所恩施县,辖恩施、建始、宣恩、来凤、咸丰、利川6县;民国十五年改荆南道为施鹤道,鹤峰州改县划入施鹤道;民国十七年改设鄂西行政区;民国二十一年改为第十行政督察区,巴东县划入,州域始为8县之治;民国二十五年改为第七行政督察区,辖区未变。

1949年建立湖北省恩施行政区,置专员公署;1983年国务院批准撤销恩施地区行政公署,成立鄂西土家族苗族自治州;1986年利川撤县建市;1993年经国务院批准,鄂西土家族苗族自治州更名为恩施土家族苗族自治州。

3. 发展概况

地质公园自然资源丰富,生态因子组合复杂,适合农林牧副全面发展。然而,由于人类活动的加剧,特别是不合理开发,自然生态系统结构和农业生态系统结构趋于简单化。这里的生物多样性不断受到削弱,物种在减少;农业结构也较单一。

经济系统长期为单一农业结构,二三产业发展滞后。从农业产业结构看,是以种植业为主(61%),而种植业中又以粮、烟为主(86.4%)。在畜牧业中,居主要地位的是依赖于粮食生产的养猪业(81.5%),而食草类畜牧业居次要地位(11.6%)。林副渔业产值比重合计不到10%。主导工业是以农产品加工为主的轻工业,其中卷烟、食盐、药品等产值占全市工业产值的80%左右。轻工业中烟草工业产值(74.6%),占全部工业产值的62.7%。基础工业特别是能源工业滞后,水能资源开发水平低,与丰富的水能资源极不协调,还因丰枯水季节影响,造成周期性电力短缺。

近年来,公园内各级行政机构以科学发展观统揽全局,努力打造工业经济新载体、城市建设新景观、新农村建设新面貌,实现了区域经济综合实力提升和社会事业全面进步目标,区域上下政通人和,人民群众安居乐业。

同时,围绕旅游狠抓城镇化建设,打造旅游产业集群。以"村村寨寨是景区,家家户户是宾馆,人人个个做旅游"为目标,按照"一点、一线、一大片,围绕旅游抓发展"的工作思路,围绕旅游做大旅游产业发展文章。如在利川城区通往腾龙洞的旅游公路沿线和三龙门附近建设特色民宿和"星级农家乐"。腾龙洞清江古河床南侧的白鹊山村,地处318国道边,是腾龙洞到大峡谷观光线路途经之地,全村被纳入"利川市乡村民宿旅游扶贫示范村",2017年被评为"湖北省首批金宿级民宿"。通过积极发展乡村旅游,带动乡村经济发展。

恩施大峡谷景区的"开发一个景区,带活一方经济,致富一方百姓"旅游扶贫模式,推动了景区周边贫困地区整体稳定脱贫。在景区开发过程中,恩施旅游集团有限公司对当地荒山荒坡进行土地流转,农民平均每户获得补偿收入20万元。同时,该公司投资近2000万元在景区出入口和景区线路休息区建设商铺200多个,以低租金吸引当地农民近400人创业,年均收入超过4.5万元。这些举措让村民真切地感受到由旅游产业扶贫带来的好日子,与此同时也促进了景区附近的乡村振兴。2018年,恩施大峡谷景区旅游产业扶贫经验入选世界旅游联盟旅游减贫案例。

第二章
斗转星移 漫长地质史

DI ER ZHANG
DOUZHUAN – XINGYI
MANCHANG DIZHISHI

区域地质

恩施腾龙洞大峡谷地质公园地跨恩施和利川两市,大地构造位置位于扬子地块的中部,上扬子和中扬子的交界处,属川鄂湘黔隆褶带北缘之一部分。地质上称之为新华夏系第三隆起带,武陵、雪峰隆起的北端。公园内古生代以来的沉积岩广泛分布,主要地层为三叠系和二叠系,目前未发现岩浆岩出露和开采矿山。

以建始－郁江大断裂为界,地质公园分属扬子地层区的两个小区,即四川盆地分区的巴东－利川小区和黄陵－八面山分区的恩施－咸丰小区。前者出露的地层从志留系至第四系均有,但以上古生界及中生界为主,分布面积广大,境内的含煤地层均分布在此小区内;后者位于该断裂的东南部,出露的地层主要为下古生界的寒武系、奥陶系及志留系,分布面积较小。湖北恩施腾龙洞大峡谷地质公园位于恩施－咸丰小区,主要地层为三叠系和二叠系。

区域地层

一、二叠系

二叠系在地质公园发育齐全,研究较详,分布于利川盆地的边缘,在齐岳山一带,文斗区的西部、北部,沙溪区的北部,柏杨区的寒池见天一带,团堡区的北部,忠路镇及元堡乡的西南部,恩施沐抚镇、屯堡乡等地均有广泛出露。其中,中二叠统栖霞组马鞍段及上二叠统吴家坪组的含煤段为含煤地层,两套含煤岩系中有煤、黄铁矿、菱铁矿及黏土矿等矿产,煤炭资源主要赋存在吴家坪组含煤段中,与下伏地层呈假整合接触。

1. 中二叠统

栖霞组(P_2q)马鞍段(P_2q^m):下部为灰色、深灰绿色鲕状及豆状铝土矿层,局部夹碳质泥岩;上部为钙质细砂岩。厚$0\sim6.5m$。

栖霞组(P_2q)灰岩段(P_2q^h):下部为灰黑色薄层状至页片状含碳钙质泥岩夹透镜状灰岩;

中部为深灰—灰色厚层—巨厚层燧石条带灰岩及燧石结核灰岩;上部为深灰—灰黑色碳质瘤状灰岩。厚67~100m。

茅口组(P_2m):上部为灰黑色薄板状硅质岩、硅质泥岩、碳质泥岩;下部为深灰色块状生物灰岩、燧石条带及燧石结核灰岩和灰—深灰色厚层—块状灰岩。厚102~316m。

2. 上二叠统

吴家坪组(P_3w)含煤段(P_3w^1):为主要含煤层位。上部由黑色碳质泥岩、泥岩、硅质泥岩及煤层组成;下部由角砾岩、砂质泥岩及铝土质泥岩组成,含植物碎片。煤层下部有凝灰质岩屑砂岩,间含泥灰岩或灰岩透镜体。与下伏地层呈假整合接触。厚0.6~21m。灰岩段(P_3w^2):上部为黑色薄层状碳质泥岩、硅质泥岩,偶夹薄层灰岩透镜体,富含假腹菊石等化石;下部为深灰色中厚层粗结晶含燧石结核灰岩,夹白云质灰岩及碳质生物碎屑灰岩,富含腕足类化石。厚26.4~64.5m。

长兴组(P_3c):是主要的含气层段,其生物礁发育完整,保存良好,出露较全,其顶部有的地段相变为黑色薄层硅质泥岩夹碳质泥岩,为较深水的海槽相沉积物。厚84.5~401.2m。

恩施大峡谷的云龙河地缝式峡谷中,可见中二叠统和上二叠统的岩石。

二、三叠系

三叠系是恩施腾龙洞大峡谷地质公园中出露最广泛的地层。

1. 下三叠统

大冶组(T_1d):底部为黄绿色钙质页岩、砂质页岩夹泥灰岩薄层;中部为灰—浅灰色薄—中厚层微粒灰岩、鲕状灰岩、核形石灰岩及泥晶灰岩夹黄褐色页岩;上部为紫红色泥岩、泥质白云岩。厚215~656m。恩施大峡谷主体发育在大冶组中。

嘉陵江组(T_1j):由灰岩、白云岩、盐溶角砾岩组成,系一套浅海—潟湖相的沉积组合,可分为5个岩性段,由下至上分别为:嘉一段,灰—深灰色中厚层灰岩、纹泥状灰岩,厚122.5~408.9m;嘉二段,灰色白云岩、次生灰岩、岩溶角砾岩,本段为含盐岩系,具有3个不同的含盐层段,本段厚33.8~276.92m;嘉三段,主要为深灰色厚层灰岩、白云质灰岩、角砾状灰岩,夹有盐溶角砾岩透镜体及泥灰岩,具蠕虫状构造及缝合线构造;嘉四段,灰色夹紫红色白云岩、脱白云岩化石灰岩、盐溶角砾岩,具缝合线构造;嘉五段,由深灰色豹皮灰岩、次生灰岩、白云岩及盐溶角砾岩组成,具缝合线构造。厚589~804m。

腾龙洞主要发育在嘉陵江组中。

2. 中三叠统

巴东组（T_2b）：底部为深灰色薄—微薄层状白云质灰岩、灰岩夹岩溶角砾岩，厚22～218.18m；中部为黄绿色、紫红色粉砂岩、砂质泥岩、泥岩夹细砂岩，含钙质细砂岩及紫红色泥岩中具有鸡窝状铜矿，厚141.1～433.97m；上部为灰色薄层含泥灰岩、泥灰岩及灰岩，厚45.5～444.0m；顶部为紫红色泥岩与杂色泥岩互层，间夹泥灰岩，厚0～30m。

区域构造

公园地处扬子地块的中部，川鄂湘黔褶皱带（即八面山褶皱带）的东北部（图2-1）。沉积岩广泛分布，没有岩浆岩出露，是震旦纪以来的地块沉积区，沉积基底的岩石变质程度深，硬化程度极高，埋藏深度7000～11 000m。由于其大地构造位置处于上扬子与中扬子的过渡地带，因而其沉积作用、岩相古地理的分布均具有过渡性质。一般认为，齐岳山断裂为上扬子区的分界线。

印支运动结束了本区漫长的海相沉积史；燕山运动时期，地质公园随扬子准地台一起发

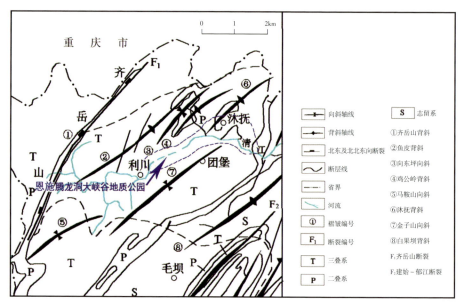

图2-1 恩施腾龙洞大峡谷及周边构造纲要图

生了强烈的褶皱、断裂，形成今日之构造格局；喜马拉雅运动使本区大幅度隆升，并不断受风化剥蚀，形成今日恩施、利川雄伟壮丽的地貌景观。

一、褶皱

地质公园的构造形态以褶皱为主，其中齐岳山背斜褶皱紧密，而利川复向斜和属石柱 - 临场溪复向斜建南地区的一部分，褶皱宽缓，因而略呈隔挡式，亦有长期活动的断裂发育。主体构造（或一级构造）可分为三部分，即齐岳山背斜、利川复向斜、白果坝背斜。次级构造复杂多样，但其构造线的方向绝大多数呈北东向、北北东向展布。

湖北恩施腾龙洞大峡谷地质公园主要位于利川复向斜范围之内，其西北和东南则分别为齐岳山背斜和白果坝背斜。现将湖北恩施腾龙洞大峡谷地质公园及其附近地区的构造特征择其主要者简述如下。

1. 齐岳山背斜①

该背斜纵贯利川中西部，呈15°~20°方向延伸，地表凸出于周围地区之上，成为天然的地表水分水岭，是中生代沉积时的水下隆起部位。其西南段位于重庆黔江区郑家垭口，北段至四川巫山土地岭附近倾没。其核部地层由南至北为志留系、泥盆系、二叠系及三叠系，依次渐新。核部地层产状陡立，倾角多在60°以上，甚至有倒转者，褶皱紧密，呈线状延伸。由于煤层赋存于靠近背斜轴部的位置，产状极陡，倾角多在70°以上，往深部其产状渐趋平缓。翼部地层主要为三叠系嘉陵江组和巴东组，北西翼产状较缓，倾角7°~20°；南东翼较陡，倾角53°~75°。该背斜属一轴面向北西倾斜的斜箱状褶曲，该背斜的核部被齐岳山断裂破坏。

2. 白果坝背斜⑧

该背斜位于建始 - 郁江断裂的东南部，分布在毛坝—白果坝—龙凤坝一带，地质公园境内仅包含其一部分，轴部位于清水—毛坝以北地段，轴向为北东、轴长约24km，亦为中生代的水下隆起部位。核部出露地层为奥陶系，翼部由志留系、三叠系构成，核部的地层产状极其平缓，倾角0°~17°，一般不超过10°。翼部产状稍陡，但一般亦不超过30°，两翼较对称，其北翼为建始 - 郁江断裂切断。

3. 利川复向斜

该复向斜东南以建始 - 郁江断裂为界，西北以齐岳山东麓为界，亦为中生代的坳陷区。中部主要为中生代地层，边部主要为古生代地层。该复向斜分布范围占本地质公园的大部分地区,是地质公园最主要的构造单元。主体形态呈北北东向,由一系列北东向、北北东向的次级褶曲组成。其中规模较大者有金子山向斜、小河-福宝山向斜、鱼皮背斜、沐抚背斜、梅子水向斜等。

(1)金子山向斜⑦:由西南至北东,该构造斜贯利川市的东南部、西南部从重庆彭水县入境,经文斗乡的核桃坝、大尖、鞍山、沙坝,又经忠路东、马前东、元堡嘴、团堡寺等地进入恩施境内,轴线略呈"S"形,在忠路附近向南东凸出,马前附近又向北西凸出,除马前—忠路一带轴线呈北北东向外,其余地段呈北东向延伸轴线在境内的延伸长度达115km。其核部最新地层为上沙溪庙组,翼部地层渐次为下沙溪庙组—栖霞组。该向斜在忠路以北西翼较对称,而在鞍山一带,南翼产状较陡,北翼平缓,大尖至核桃坝一带,北翼较陡。

(2)鱼皮背斜②:南起汪营附近,呈北东向延伸,经花梨、铁炉、黑山、鱼皮进入恩施市。境内延伸长度为46km。核部出露的最老地层位于鱼皮附近,为中志留统纱帽组,翼部为嘉陵江组。两翼对称,产状平缓。倾角:北西翼5°～18°,南东翼5°～20°。

(3)沐抚背斜⑥:长20km左右,核部及两翼分别由二叠系和三叠系组成,北西翼稍陡,倾角20°～25°,南东翼宽缓,倾角10°～15°。背斜两端分别向北东向和南西向倾伏,造成中段张性裂隙发育,断裂面近乎直立,呈顺时针方向扭动,规模不大,长3～4km。

二、断裂

公园断裂较之褶皱的发育程度逊色得多。迄今为止,共发现断层31条,一般规模较小,延伸不远,影响范围不大。有两条断裂甚为引人注目。齐岳山断裂和建始-郁江断裂,它们长期活动,控制了不同时代的岩相分区及沉积格局,迄今浅部的表现亦非同一般。湖北恩施腾龙洞大峡谷地质公园就在这两条断裂之间。

1. 齐岳山断裂(F_1)

该断裂为上扬子(四川盆地)和中扬子的分界断裂,走向呈北北东—北东向,其地面表现时隐时现,主要有中槽断裂和马落池断裂两条相对逆冲的断裂。在重庆境内,其南端潜伏于侏罗纪地层之下,经地震勘探证实为由正、逆两组断层组成的断裂带,最大断距达1500m。据古生代、中生代岩相的研究,本断裂对岩相有较强的控制作用。最为明显的是中晚泥盆世—早石炭世上扬子古陆与华南海,均大致以此为界。

2. 建始-郁江断裂(F_2)

该断裂位于利川市的南部,呈北东走向,从重庆彭水县入境,经长顺西、文斗南、小沙溪、石门、红椿沟东伸入恩施,后抵达建始境内。在地表组成的断裂带宽达1km以上。石门正断层的破碎带宽30m。北盘的长兴组与南盘的龙马溪组接触,地层断距达900m以上。在红椿沟以东,本断裂的地面反映已不明显。这条断裂亦为长期活动的大断裂,它控制了两侧岩相的分布。其东是古生代以来至三叠纪的广海沉积区,而以下古生界发育最为齐全;其西则是中生代的大型沉积盆地,而以侏罗系最为发育,厚度巨大,分布广泛。因而,地层学家将其作为上扬子(四川盆地)地块和中扬子地块的分界线。

通过上述可以看出,对上扬子和中扬子的界线实际上存在着不同的认识,构造学家倾向于以齐岳山为界线,而地层学家则认为建始–郁江断裂为其界线。这有可能是由于在不同地质时期,上扬子和中扬子的边界由不同的断裂控制;或者,上扬子和中扬子的分界线是受齐岳山断裂和建始–郁江断裂控制的一个过渡带。然而有一点是不容置疑的,那就是这两条断裂均为加里东期以来长期活动的断裂。而湖北恩施腾龙洞大峡谷地质公园位于这一"过渡带"之中,更增加了湖北恩施腾龙洞大峡谷地质公园的科学研究意义。

地质演化史

自古生代(距今约5.4亿年)至中三叠世(距今约2.3亿年),本区是较为稳定的地块区。这段时期虽然经历了多次构造运动,但震旦系至中三叠统均呈假整合或整合接触,没有岩浆活动作用,基本上属于平稳的升降振荡运动,水平褶皱变形不明显。

进入中三叠世后期(距今约2.0亿年),本区发生了一次较强的地壳运动——印支运动,使区域大面积隆起,结束了本区漫长的海侵历史,并使中三叠统以前的所有地层形成了一系列北西西向至东西向的隆起和凹陷。

始于中侏罗世并贯穿整个白垩纪的燕山运动(距今2.0亿~65亿年)是区域上一次重要的具造山运动性质的构造运动,使前侏罗纪地层普遍褶皱,形成一系列以北北东向构造线为主的隆起带和沉降带,以及由相应的褶皱和断裂及与其配套的伴生构造等所组成的新华夏构造体系。整个燕山运动旋回又可以分为几次强烈活动期(或阶段):

(1)燕山运动Ⅰ幕始于中侏罗世,在太平洋板块对亚洲板块俯冲作用下,造成北西–南东向挤压应力场,在其作用下形成了北北东向的褶皱构造,并使近东西向的褶皱构造得到改造。

(2)侏罗纪末至白垩纪初,距今约1.2亿年,太平洋板块与亚洲板块作用,造成基底上冲形成北西-南东向引张应力场,沿建始-恩施断裂形成了恩施、建始断陷盆地。

(3)白垩纪末,距今约8000万年发生的构造运动,即习称的燕山运动Ⅴ幕。主要是继承前期构造运动呈断块隆升和沉降的特点,以后所发生的构造运动则是以垂直差异升降运动为主要表现形式,使得江汉盆地相对西部山地再次发生下降。所以燕山运动是奠定本区构造基本格架的重要构造运动。

古近纪开始的喜马拉雅运动(距今约3300万年开始)继承燕山运动后期构造运动的特点和表现形式,山区大面积急剧上升和盆地大幅度下降,某些断裂继续"活动"。

(1)古近纪末的喜马拉雅运动Ⅲ幕发生,这次构造运动主要表现为西部山区大面积整体隆升,东部江汉盆地继续坳陷。恩施、建始盆地继续下降。从区域构造变形来看,整个地区处于北北东-南南西向水平挤压应力场控制之下。

(2)新近纪末的喜马拉雅末期运动(距今约250万年)使清江下游的古近纪地层中形成众多褶皱和断裂。

早更新世以来,本区构造运动继承前期构造运动继续发展,并有自己的特点。

(1)据区域地质资料,早更新世末本区又有过一次构造变动,以断裂为主,山区继续上升,盆地下降。

(2)中更新世(距今约78万年)以来,本区构造运动以整体振荡性抬升为主,清江下游发育Ⅶ级阶地。湖北恩施腾龙洞大峡谷地质公园峡谷继续深切,地下水水位持续下降。

由于本区地壳间歇性抬升,排泄基准面的阶段性下降和溶蚀作用的叠加及继承性,在上游地区,一些大的暗河洞穴系统常表现为多层垂向叠置形式,出现立体交叉结构。

在地壳间歇性抬升过程中,洞穴系统排泄口发生多次下降迁移,从而遗弃老的流路使之成为旱洞穴,并形成新的洞穴,而老洞则部分或全部被遗弃,成为残留的上层洞,在清江伏流出口处的黑洞及众多高位洞穴(如玉龙洞等)即为最好的实例。

第三章
奇秀灵美　立体喀斯特

DI SAN ZHANG
QIXIU – LINGMEI
LITI KASITE

地质遗迹景观类型

根据国土资源部(现为自然资源部)国土资发〔2010〕89号文《国家地质公园规划编制技术要求》，国家地质公园地质遗迹景观类型划分为七大类地质遗迹景观、25类地质遗迹景观和56亚类地质遗迹景观的方案，按照国家地质公园最新划分对湖北恩施腾龙洞大峡谷地质公园进行归纳，主要有第五(地貌景观)大类、第六(水体景观)大类两大类型地质遗迹景观，具体涉及：岩石地貌景观(12)、流水地貌景观(15)、湖沼景观(19)、河流景观(20)、瀑布景观(21)5类地质遗迹景观，可溶岩地貌(喀斯特地貌)景观(29)、流水侵蚀地貌景观(38)、流水堆积地貌景观(39)、湖泊景观(45)、风景河段(47)、瀑布景观(48)6个亚类的地质遗迹景观。见表3-1、表3-2。

表3-1 恩施腾龙洞大峡谷地质公园主要地质遗迹类型划分归纳表

大类	类	亚类
地貌景观大类	岩石地貌景观(12)	可溶岩地貌(喀斯特地貌)景观(29)
	流水地貌景观(15)	流水侵蚀地貌景观(38)
		流水堆积地貌景观(39)
水体景观大类	湖沼景观(19)	湖泊景观(45)
	河流景观(20)	风景河段(47)
	瀑布景观(21)	瀑布景观(48)

表3-2 腾龙洞大峡谷地质公园主要地质遗迹景观资源类型划分表

大类	类	亚类	地质遗迹景观名称与资源分布	
地貌景观大类	岩石地貌景观(12)	可溶岩地貌(喀斯特地貌)景观(29)	峰丛、石柱林、石牙、孤峰	公园范围内岩溶分布区山体峰丛，沐抚前山上的大中小龙门石柱林、石芽、石林、孤峰
			奇特与象形山石	三层岩、象鼻子山、乌龟岩、卧龙腾空、金童玉女、骆驼峰、游鹅山等

续表3-2

大类	类	亚类	地质遗迹景观名称与资源分布	
地貌景观大类	岩石地貌景观(12)	可溶岩地貌(喀斯特地貌)景观(29)	岩壁与陡壁	腾龙洞洞口附近绝壁群、黑洞口及上游山体绝壁群等
			岩缝	"一线天"溶隙
			岩洞	腾龙洞、玉龙洞、天窗洞、凉风洞、龙骨洞、三眼洞、银河洞、水井洞、狐狸洞等
			落水洞与竖井	"卧龙吞江"落水洞、天窗洞天窗群、腾龙洞系天窗群等
			穿洞与天生桥	一龙门穿洞、二龙门穿洞、三龙门穿洞等
			岩溶嶂谷	毛家峡、大龙门峡
			岩溶洼地与漏斗	大龙门、二龙门穿洞间的漏斗等
	流水地貌景观(15)		洞内堆积	腾龙洞内金子山、妖雾山、二台山、白龙山、花果山等,二龙洞与三龙洞洞内堆积
			古河道段落	长堰槽干谷、高岩干谷等
水体景观大类	湖沼景观(19)	湖泊景观(45)	观光游憩湖区	观彩峡湖泊、腾龙洞水洞8处地下平湖
	河流景观(20)	风景河段(47)	观光游憩河段	清江(落水洞上游)、朝东岩、雪照河、云龙河、见天河地缝
			暗河段	腾龙洞水洞
			盲谷与断头河	清江(落水洞上游)
	瀑布景观(21)	瀑布景观(48)	悬瀑	马料溪、见天峡悬瀑
			跌水	"卧龙吞江"瀑布

走进公园

恩施腾龙洞大峡谷国家地质公园横跨利川市和恩施市,且分别由利川腾龙风景区旅游资源开发有限公司和恩施大峡谷旅游开发有限公司经营管理。根据公园内地质遗迹景观和其他景观资源的自然组合、空间分布、地理地貌环境及行政区隶属,同时考虑到地质公园景点的地域组合特点、整体结构的完整性,以及旅游组织的合理性和保护管理的可操作性等因素,将恩施腾龙洞大峡谷国家地质公园划分为两个园区,即腾龙洞大峡谷园区、朝东岩园区(图3-1)。

一、腾龙洞大峡谷园区地质遗迹景观特征

本园区西起地质公园西部边界距利川市城区约2.6km处,以清江河道为轴线,经腾龙洞、毛家峡、黑洞、雪照河、见天峡谷,往东经七星寨、石柱林、云龙河地缝为止,面积为78.1km^2。园区内可以细分为利川腾龙洞、恩施大峡谷两大景区。

(一)利川腾龙洞景区

利川腾龙洞景区西起地质公园西部边界,距利川市城区约2km处,以清江河道(图3-2)为轴线,经腾龙洞、毛家峡、黑洞、雪照河、见天峡谷,东止利川与恩施边界线。

腾龙洞位于恩施州境内的利川市,其具体位置在利川城区东北约6km清江河段的南侧。腾龙洞属于湖北恩施腾龙洞大峡谷国家地质公园的核心景区(国家AAAAA级旅游景区),也是中国目前已探明的旅游容积量最大的溶洞。其实腾龙洞不仅仅是一个洞,它是清江上游地区由旱洞、水洞、落水洞、天窗、穿洞以及200多条大小不一的支洞所组成的一处复杂的伏流洞穴系统。目前已探明的这一伏流洞穴系统的总长度为59.8km。从空间上来看,这一伏流洞穴系统由旱洞和水洞两大部分组成。

本区以完整的腾龙洞伏流洞穴系统为核心地质遗迹景观。腾龙洞(图3-3)洞穴通道总长度达到59.8km。旱洞主洞长8694m,洞宽40~80m,洞高50~90m,宽敞宏伟。洞高度最高处达186m,为国内外所罕见。水洞洞道复杂,有地下河、地下湖、急流瀑布,与地表有多处相通,主要的连通洞口有"卧龙吞江"洞口、响水洞、龙骨洞、银河洞、深潭洞、观彩峡处的明流和一些天窗、落水洞、黑洞洞口及四十八道望江门;此外,还有一些高位洞穴,最重要的是

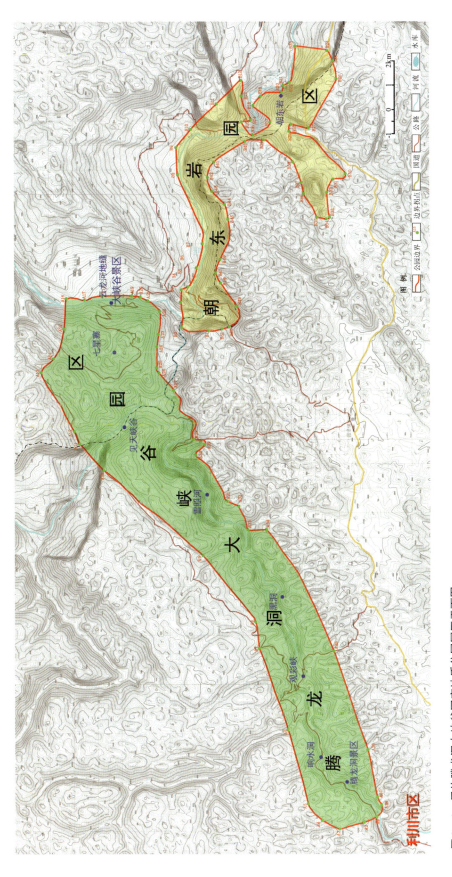

图 3-1 恩施腾龙洞大峡谷国家地质公园园区平面图

图3-2 利川清江河段景观

图3-3 腾龙洞旱洞、水洞(清江伏流)

三龙门洞、玉龙洞和三眼洞等,它们在发育演化历史上是与腾龙洞洞穴系统密不可分的。园区内洞穴类型齐全,洞穴成层性明显,岩溶含水层包气带,地下径流具有统一的岩溶含水体以及补给、径流、排泄条件和边界条件,为一完整的水文地质单元,完整的水文地质系统对水文地质学研究具有重要意义。

在地面,同样有多处天窗和支洞与旱洞相连,构成了一地表与地下、水流相互转换的复杂排水系统。其中值得一提的是,观彩峡以东,银河洞、深潭洞至水井洞一线长达3km的峡谷,早期为清江地表河道,在地壳上升和上游河水强烈下切的作用下,地下洞穴即排水的管道,全部袭夺了地表河,现在成了古河床,仅仅是在洪水泛滥的时候,地下伏流涌出地表,短时间内又成为地表的河流。由此我们不难发现,腾龙洞伏流洞穴系统最大的特色就是,洞中有山、山中有洞、洞中有水、水洞相连、洞内洞外浑然一体。腾龙洞伏流洞穴系统的特色在国内和国际上都占有非常重要的一席之地。

1. 腾龙洞洞穴系统

腾龙洞(旱洞)位于湖北省利川市东城办事处长堰槽村1组,地理坐标:北纬30°20′07.95″,东经108°58′53.01″;地质遗迹类型:综合洞穴(多层洞穴)(图3-4~图3-12)。

腾龙洞属超大型洞穴系统,位居亚洲前列的地貌类型之一。原国际洞穴学联合会主席、权威专家Derek Ford(福特)教授在本公园考察后评价"腾龙洞是我见到的世界上最壮观的地下河洞穴之一,其地下河入口景观可与世界自然遗产地——斯洛文尼亚的斯科契扬洞相媲美"(图3-4)。腾龙洞实属罕见的喀斯特地貌景观,因此被评定为世界级。

图3-4 原国际洞穴学联合会主席福特教授考察腾龙洞
(右三为福特教授,左四为中国洞穴学研究会会长朱学稳教授)

震撼腾龙洞　雄奇大峡谷
——湖北恩施腾龙洞大峡谷国家地质公园探秘

　　1988年、2006年中外腾龙洞科学探险已探测59.8km长,2012年中国地质调查局"中国地质遗迹调查示范项目"中再次将腾龙洞确定为世界级罕见的地质遗迹。腾龙洞具有研究清江演变和发育的重要科学价值,属于世界级保护等级。洞内地质遗迹景观主要由洞内岩块崩塌、蚀余地貌、部分化学沉积物以及第四纪哺乳动物化石组成。

　　腾龙洞旱洞系统:由洞口一直到位于半山腰处的白洞,有两个天然的出口,一个是毛家峡,另一个是白洞。从洞口开始沿着高大宽阔的洞道往里行进,先过妖雾山到玉龙厅岔道,往左是经毛家峡支洞;从毛家峡口出洞,穿越一龙门、二龙门、三龙门3个穿洞;由玉龙厅岔道往右,经千龙厅、白玉山、蛮洞、白洞出来(图3-5)。腾龙洞洞口高72m、宽64m,洞口形态为岩屋状,人在腾龙洞洞口都显得这么渺小(图3-6、图3-7),在世界上,如此巨大的洞口甚为少见。

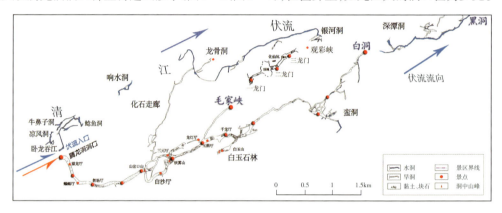

图3-5　腾龙洞及清江伏流平面图

图3-6　腾龙洞旱洞洞口

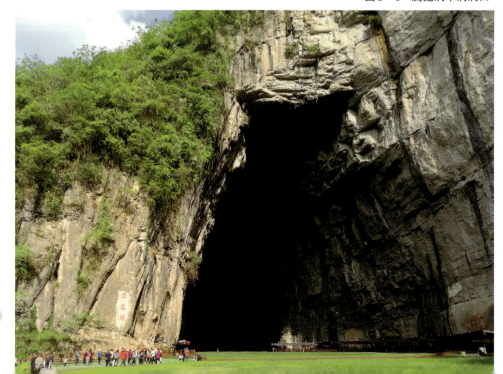

图3-7 腾龙洞旱洞洞口内之倒影

腾龙洞旱洞是目前已知的世界上最大的单体洞道通道之一,其宽度为40~100m,高达50~180m,旱洞内支洞繁多,已知的大小支洞达200多处。腾龙洞洞口规模位居世界第三位,洞穴之内洞腔浩大,世所罕见,目前腾龙洞洞穴前段5000m已开发成旅游洞穴(图3-8),洞内双向车道达5km长(图3-9);洞道走向明显受断裂节理控制(图3-10),最大的一处洞厅建有国内最大的原生态洞穴剧场(图3-11、图3-12)。

图3-8 腾龙洞洞口之内5000m长宽敞的洞道

图3-9 洞腔浩大的洞穴内景(景区提供)

第三章　奇秀灵美　立体喀斯特

图3-11　腾龙洞原生态洞穴剧场《夷水丽川》1(彭一新　摄)

图3-10　断裂节理控制的洞道

图3-12　腾龙洞原生态洞穴剧场《夷水丽川》2

腾龙洞旱洞有一个独特之处就是,洞内多处发育由巨型的崩塌体所构成的洞中之山,如龙鳞山、妖雾山、白玉山,其顶部由于不断的垮塌而形成极其高大的空间,如龙鳞山顶部的空间高达180多米,形如"天钟"(图3-13)。

在腾龙洞旱洞的中段,巨大的崩塌体的上面,发育有白玉石林、石笋群,且雪白亮丽、高低错落、瑰丽多姿(图3-14)。

图3-13　洞内净空最高处——龙鳞山"天钟"

图3-14　洞内崩塌体上发育的石笋群

白玉石林位于"白玉峰"崩塌堆斜坡上，为乳白色石笋群，计有50根（约20根为高只有20～40m的矮石笋），分布于约30m×15m的崩塌石堆上，直径为0.8～2m，高1.8～6.4m，其根部周围为脑纹状、猪肝状流石。石笋洁白，呈雪白色、乳白色，表面有竖白条纹或生长纹层，形状有核弹头状、圆柱状、冰淇淋蛋筒状、青蛙状、狮子状及棕榈状等形态，有的高大石笋表面竖向条纹似冰冻瀑布，有的大石笋上生长小石笋，有的组成"扶老携幼"、海龟及蟾蜍头等形态。这一小区域中间倒塌有数个大型石笋（石柱）（图3-15），最大的3个体量分别达长4m×直径1.6m、长2.3m×直径1.2m、长1.6m×直径1m，断面洁白。

即便是在腾龙洞旱洞内，也发育多处瀑布及小片水域，洞底沉积物为黏土、河道砂，个别洞穴中发现第四纪哺乳动物群化石；腾龙洞的后洞基本上处于没有开发的自然状态，洞内正在发育壁流石、流石坝、边石坝、石笋、石柱等化学沉积物（图3-16、图3-17）。

此外，洞内还有较多的侵蚀、冲蚀之后，残留原地的蚀余柱景观（图3-18）。

图3-15　白玉石林"龙洞砥柱"

图3-16　腾龙洞后洞瀑布及壁流石、流石坝

图3-17 洞内千龙厅发育的石笋、石柱

图3-18 洞内蚀余柱景观

2. "卧龙吞江"(落水洞)

"卧龙吞江"落水洞(图3-19~图3-21)位于利川东城长槽村1组,地理坐标:北纬30°20′11.45″,东经108°58′52.87″;地质遗迹类型:落水洞、清江伏流。清江在腾龙洞上游的汇水面积为389km²,清江河水到此陡跌30m,以瀑布形式注入地下,清江的多年平均流量为17.6m³/s,最小流量为0.53m³/s,最大流量为25.3m³/s,最大洪峰流量可达到100m³/s以上,变成"卧龙吞江"落水洞。"卧龙吞江"的壮观场景在世界上是较为罕见的巨型岩溶落水洞。洞口形态为岩屋状,洞口朝北西,洞口高约53m,洞宽约41.8m。

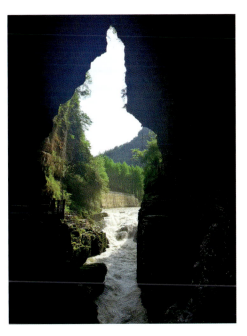

图3-19 "卧龙吞江"远景

图3-20 "卧龙吞江"中景(赵英槐 摄)

图3-21 "卧龙吞江"近景

3. 清江伏流

清江伏流位于利川东城长槽村1组,地理坐标:北纬30°20′10.82″,东经108°58′54.53″;地质遗迹类型:地下伏流、地下河。清江地表河道至"卧龙吞江"落水洞流入地下(图3-22),成为伏流,一直到黑洞出口。途中,明流、潜流相间,清江"三明三暗"中的"两明两暗"就位于腾龙洞的水洞范围内。在利川盆地东侧的峰丛山区,清江废弃原先的地表槽谷河道,形成了举世闻名的伏流系统,其实际长度超过16km,是中国最大的伏流洞穴系统,被《岩溶学词典》收录为典型范例,为全球典型、稀有的大型岩溶伏流水体景观,世界罕见,属于世界级地质遗迹。

清江伏流入口为一洞道较为顺直、流水量较大的河段,其西端进口称"卧龙吞江",距腾龙洞旱洞口75m,为一沿垂直巨型裂隙发育的倾泄式落水洞。洞口高35m,宽25m,标高1062m,清江河水到此陡跌30m,以瀑布形式注入地下,演变成伏流(图3-23)。

在"卧龙吞江"落水洞处,江水以每秒数十立方米的流量跌下30m形成瀑布,巨龙奔啸、银涛飞溅、气势磅礴、势不可挡,整条清江犹如被鲸吞噬而变成伏流,其分别在观彩峡、黑洞流出地表,遗留下多个出水洞口,最终在黑洞东侧形成地表明流——雪照河。

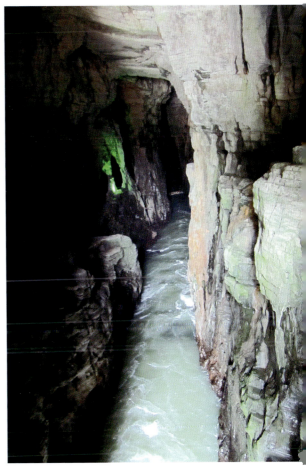

图3-22 清江伏流进口　　　　　　图3-23 清江伏流进水口河道

清江伏流内部对于大家来说,应该是比较神秘的。作者团队不畏艰险、不懈努力,精心准备和策划了两次科学探测,终于揭开了其神秘的面纱。

经作者团队探测,清江伏流进口附近的河道走向明显受北东65°方向、北西335°方向延伸两组构造裂隙的控制,进口处为一管状通道,沿北东65°方向流行22m后,河道折转为沿北西335°方向延伸,而且伏流由管状通道变为网脉状通道(图3-24),由清江伏流入口至响水洞沿线,由于过水管道较细窄,加上"U"形管道等瓶颈处较多,伏流过流能力有限,稍遇大洪水,便过流不及,壅高清江水位(图3-25),利川城区将直接遭受洪水威胁。

震撼腾龙洞　雄奇大峡谷
——湖北恩施腾龙洞大峡谷国家地质公园探秘

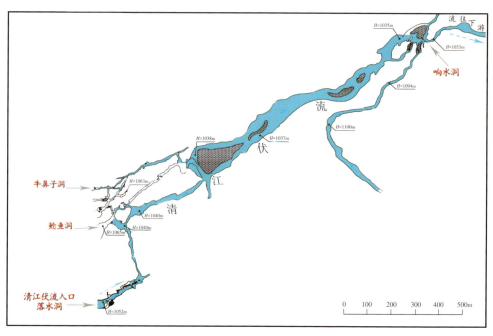

图3-24　清江伏流入口至响水洞探测平面图

图3-25　清江伏流入口处平水期(左)和洪水期(右)对比照片

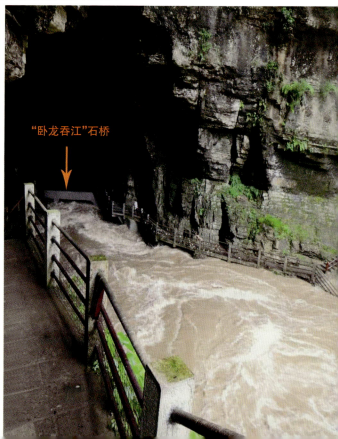

而干、支流上无控制性蓄水工程,无法控制河道的安全泄量;加之河道平缓,防洪形势非常严峻(图3-26)。令人欣慰的是,目前地方政府专门针对这一严峻形势的水利泄洪工程已开始启动。

图3-26 腾龙洞洞口清江平水期(左)与洪水期(右)的对比照片

清江的伏流段(腾龙洞水洞),水洞洞高一般为30~50m,最高达到100m,洞底呈阶梯状,存在多处跌水、急流、深潭,由多处平湖、虹吸管状伏流和险滩组成,高达30余米的瀑布有10余条,洞中深潭最深的地方达到60多米。伏流河段窄门与高大洞厅共生,平湖与激流险滩作伴,镜湖泛舟与激流闯滩相间,水洞攀岩、竖洞速降、跨越伏流、精彩纷呈(图3-27~图3-37)。

图3-27 伏流窄门　　　　　　　　　　　图3-28 高大宽敞的伏流洞厅

图 3-29　幽静平湖

图 3-30　激流直下

图 3-31　镜湖泛舟

图 3-32　激流闯滩

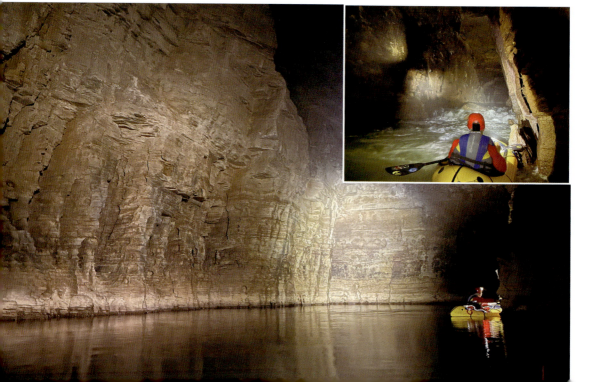

第三章 奇秀灵美 立体喀斯特

图3-34 腾龙洞支洞竖洞速降地下河

图3-33 急流险滩边的攀岩

图3-35 跨越湍急的地下河

图3-36　勇跨欧陆桥（蚀余型天生桥）

图3-37　伏流洞道测量

清江伏流的平均流量为17.6m³/s，"卧龙吞江"处清江的最小流量为0.53m³/s，最大流量为25.3m³/s。但当上游普降大雨时，洪水集中到进水口，由于受其下鸭子塘地下湖东侧窄门和其北鲇鱼洞东侧扁眼所阻，河水水位上涨，洪水部分进入对岸凉风洞，经牛鼻子洞再汇入伏流。

　　伏流东端出口为黑洞，洞口标高940m，洞高20m，宽10m，伏流至此转为明流——雪照河河段(表现为30km长的峡谷)。伏流全长为16.8km，落差约120m，平均纵坡降7‰。伏流埋深20～80m，地面有18处天窗与支洞和旱洞相连，沿途多处接纳旱洞的地下溪流。洞高一般30～50m，最高处达100m，最低处仅0.5m，最窄段宽仅2m。底部呈阶梯状，多为跌水、急流、深潭，由洞内湖塘、险滩和虹吸管组成。现已查明有虹吸管状伏流6段，地下湖8处，湖水水面总长度约4000m，最长的银河洞平湖长约1000m，地下湖湖水一般深5～6m，最深处8m。伏流排水系统由主河道和天然溢洪支洞组成，银河洞是最长的溢洪支洞，长3250m，一般高30～40m，宽40～50m。

　　水洞之上沿着长堰槽—水井槽—高岩—黑洞北侧一线为古岩溶干谷，其中有许多天窗，使地下与地面相通。此外，大天坑至银河洞(又称小黑洞)为清江伏流的一大支流，呈肠状弯曲，平水期水由地下注入主流；洪水期地下主流不畅，则从银河洞溢出地表，顺干溪河(为长堰槽干谷之一段)流至深潭洞复潜入地下与主流汇合。使干溪河成为现代间歇河，是清江伏流的天然溢洪道，其沿途有不少溶隙与地下伏流相通，形成一条独特的地上河与地下河重叠的双层河谷。

4. 龙骨洞(化石洞)

　　龙骨洞(化石洞)位于利川东城笔架山村12组，地理坐标：北纬30°20′58.14″，东经109°00′34.25″；地质遗迹类型：化石洞(混合型洞穴)。龙骨洞属于腾龙洞支洞，其发育在溶蚀槽谷山体中下部，为综合洞穴。腾龙洞旱洞妖雾山一带有若干支洞，其中向北的一支为仙女支洞，洞底的水流以虹吸管形式潜入更深处，上部的通道向北延伸，支洞后半段地下河河床形状和大小不断变化，通道的底部多泥土，并有多处跌水和流石坝，沿地下河河道可以到达伏流的另一地面开口——龙骨洞。

　　该洞沿山体裂隙向下发育，洞内有竖井连通清江伏流，洞穴有大量黏土沉积，黏土沉积里有动物化石，现已发现洞穴有大量第四纪动物化石。洞口形态为岩屋状，洞口朝北东向，洞口高约2m，宽约2.5m。该洞经1988年和2006年中外科考探测表明与腾龙洞清江伏流为一个系统，洞口有风向外，洞口围岩产状约190°∠10°。

　　作者团队在此处进行洞穴探测时发现了第四纪哺乳动物群化石(含灵长类动物化石)：包氏大熊猫亚种(*Ailuropoda melanoleuca baconi*)、东方剑齿象(*Stegodon orientalis* Owen)、虎(*Panthera tigris*)、硕猕猴(*Macaca robustus young*, 1934)、黑熊(*Ursus thibetanus*)、中国鬣狗(*Pachycrocuta sinensis*)、长尾鼩(*Soriculus* sp.)、姬鼠(*Apodemus* sp.)、豪猪(*Hystrix* sp.)、华南巨貘(*Megatapirus augustus* Matthew et Granger, 1923)、苏门羚(*Capricornis sumatraensis*)等(图3-38)。

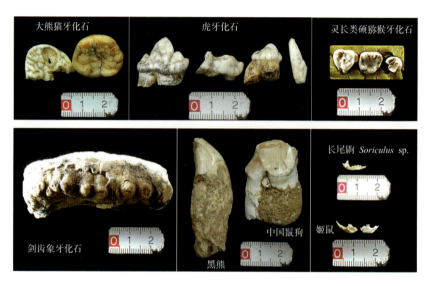

图3-38 腾龙洞支洞龙骨洞发现的化石照片

入洞110m处发育一竖井,竖井垂直高度约60m,竖井底部为一深潭并与清江伏流相连,向前南东向约50m清江伏流潜入岩层之下,为"U"形管道入口。沿着地下河道向上游方向前进,河床地形基本为激流险滩,洞道为廊道型,洞道高度基本在35~40m之间,地下河宽25~30m,局部宽度超过30m(图3-39),为一小地下湖,鱼较多,从龙骨洞下降点向地下河上游前进非常困难,全部要依靠器械装备才能前进,此段的水流湍急,上游末端为落差较大的激流(图3-40)。

图3-39 龙骨洞底部伏流

图3-40 地下河激流

5. 玉龙洞

玉龙洞位于清江上游雪照河段南岸峰丛洼地区,与清江河谷的距离仅750m,与清江伏流出口——黑洞的距离仅2.75km。该洞原处于较封闭的状态,1992年8月18日才由当地一农民发现。洞口位于樱桃村半山腰,仅有一扁平狭缝状的小洞口,只能容一人爬行进入。由于其化学沉积物丰富,为当地所罕见,立即受到有关方面的重视,并取名为玉龙洞,该洞现已被初步开发。

(1)地质背景。玉龙洞的地表岩溶组合形态为峰丛洼地,现洞口出露在一南北向谷地北尾端西侧的长条形山梁半山坡,洞口海拔高程约1200m,洞体埋藏深度推测为50~100m,其发育主方向与清江雪照河段的总方向一致。

构造上该洞发育于金子山向斜北东翼,靠近其东端的转折部位;洞体围岩属三叠系嘉陵江组第一段,洞口处为中—厚层灰色微细晶灰岩,含白云质纹带和斑块。岩层总体产状较平缓,略向南倾,在洞内中段测得岩层产状为175°∠12°。其中发育两组近直立的巨型裂隙,一组走向北东60°,为纵张裂隙;另一组为与前者正交的横张裂隙。二者共同控制了洞体的展布和延伸方向。洞口岩层因受崩塌影响较破碎,而洞内洞壁岩层较完整。

（2）发育特征。玉龙洞总长度约1000m，主洞为厅廊交替的组合形式，延伸方向为210°～250°，与当地构造线方向——金子山向斜的轴向基本一致，受纵张裂隙控制，支洞基本为廊道形式，与主洞方向接近正交，受横张裂隙控制。

玉龙洞三维空间形态比较复杂，除现洞口以内不到100m的洞段外，几乎全部被洞穴化学沉积物覆盖，断面形态很不规则，基本为椭圆形，洞顶洞壁均见溶痕和窝穴，保留有较好的潜流带成因的洞穴特征。连接主洞的两个椭圆形大厅的廊道断面为低矮的扁拱形（高1.7m，宽5m），连接主洞中部和尾部长条形大厅的廊道为窄小的峡谷形（高2m，宽0.5～0.7m）。洞穴底部一般较平坦，见有落水洞和塌坑。

洞内次生化学沉积物非常发育，类型多，分布普遍。由于滴水、流水、飞溅水、毛细水等的协同作用，形成了多种类型的洞穴次生化学沉积形态，具有较大的科研和观赏价值。化学沉积物发育最集中，形态主要发育有石笋、石柱、石幔和石盾等（图3-41～图3-43），洞底见有形似罗汉的矮小石笋、不同粗细的石柱，洞顶板有密集的石钟乳，鹅管也非常发育，数以百计，长50～60cm，沿裂隙悬挂排列；另有两个石盾，高2.2m。在其左内侧一长条形、略高于洞底土层的钙华板平台上，还林立着上下基本等径的细长石笋，高低不一，有的接近洞顶，有的仅高1m左右，在不足100m²的面积内，大约有500根石笋生长，高1.5～2m者居多，直径多在10cm左右，洞底亦全由机械堆积物组成，为土层和巨厚层钙华板的交替，从洞底塌陷坑剖面可知，其总厚度在10m以上，为多层多期沉积。

图3-41　石笋、石柱及鹅管共生

| 第三章　奇秀灵美　立体喀斯特 |

图3-42　石盾及石幔

图3-43　线状分布的鹅管、石钟乳及石幔

进口段开挖出来的上部半固结土层底板见有泥裂的铸型,在多边形泥裂缝中,沉积有后期的钙华板,结晶较好。中国地质科学院岩溶地质研究所实验室用铀系不平衡地质年龄及铀钍比值法测定其年代结果为:钙板下部年代为距今(79.9+8.0)~7.6ka,钙华板上部年代为距今(47.3+3.0)~3.0ka,说明在距今8万年前本区为较干旱时期,8万~5万年之间气候较为湿润,沉积了钙华板,后来气候又转为比较干旱。若对玉龙洞洞穴底板沉积剖面作更为详细的研究,将会为解决鄂西地区岩溶发育历史和洞穴形成过程提供新的资料与有力证据。

玉龙洞所处地理位置交通方便,距318国道仅7km,距利川市仅30多千米,并有地方公路通至洞口,进洞不到100m,即可见到各种优美的沉积形态,而且洞底较平坦,洞体稳定,洞内温度适宜,负离子浓度极高,是很有开发价值的旅游资源,应进一步在采取有效科学保护措施的基础上,加大开发力度,充分利用这一宝贵的洞穴资源。

6. 鲶鱼洞、牛鼻子洞

这两个洞皆在清江伏流水洞"卧龙吞江"附近的地面洞口,它们之间的关系如图3-44所示。鲶鱼洞有十分高大雄伟的洞口(图3-44),水面低于洞口的干谷谷底30余米,经百级台阶下至水面,洞顶有少量石钟乳悬挂。洞壁为薄层灰岩,因岩层成分的差异,所受溶蚀程度不同,形成凸凹有致的溶蚀形态。洞底有大的洞顶崩塌下的块石,与清江伏流洞之间,河水不仅宽,而且较深,可以乘船探游(图3-45)。

牛鼻子洞在洪水时与鲶鱼洞可以连通。牛鼻子洞距离响水洞洞口为1km,地下河水道较为平坦(图3-46)。

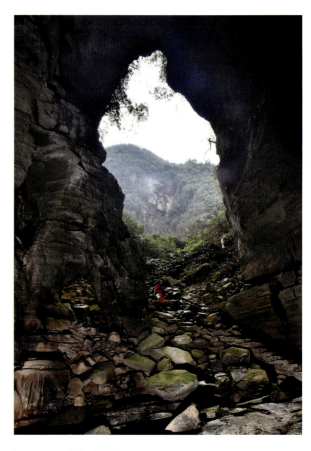

图3-44 鲶鱼洞洞口

第三章 奇秀灵美 立体喀斯特

图3-45 清江伏流鲶鱼洞河段

图3-46 牛鼻子洞洞口

7. 响水洞

响水洞为利川市东城办事处长槽村2组,地理坐标:北纬30°20′44.73″,东经108°59′44.54″,离腾龙洞风景区约2.5km,洞口发育在槽谷内,为清江伏流天窗,洞口为竖井状,海拔1033m,响水洞探测总长281.5m,深约45m,为长椭圆状塌陷型漏斗天坑。洞穴深处为伏流瀑布,因水声轰鸣,故而得名,响水洞(图3-47)。

干谷中的一个竖井状洞穴,高出其下瀑布28m。与牛鼻子洞直线距离约1km。从响水洞下到洞底,向上游行走300m后,有一较长的地下河,其长200m、宽约25m。响水洞下游有一长厅,宽40m以上,厅的末端为一较大的地下湖(图3-48),大小为50m×40m,1988年中国-比利时联合探险队认为此处的景观是腾龙洞水洞中较壮观的景点之一。

图3-47 响水洞洞口及瀑布照片

图3-48 响水洞长河洞厅

8. 毛家峡-张家峡嶂谷

腾龙洞支洞崩塌及塌顶之后形成的毛家峡-张家峡嶂谷长达2000多米。在本区长约1000m的带状范围内,连续分布有3个穿洞,其规模宏大、国内少见。

毛家峡位于利川东城笔架山村12组,地理坐标:北纬30°20′36.88″,东经109°00′52.76″;地质遗迹类型:岩溶嶂谷。毛家峡为岩溶嶂谷,是腾龙洞的第一个支洞出口。临近出洞之前就已经呈现出"峡谷廊道"状(图3-49),毛家峡洞口之外为两侧均为绝壁的嶂谷(图3-50、图3-51)。

在形成现代地貌以前,该嶂谷原本是与腾龙洞连在一起的支洞,在地下水等喀斯特作用下,山体承受不住压力发生崩塌而形成的。它是长约1000m、宽约80m的岩溶嶂谷,嶂谷断面呈"U"形,在空间分布上其总体向北东向延伸(图3-52)。

图3-49 毛家峡(洞内峡谷段)

第三章 奇秀灵美 立体喀斯特

图3-50 毛家峡嶂谷（蔡涛 摄）

图3-51 毛家峡嶂谷

图3-52 毛家峡-张家峡嶂谷

9. 穿洞群

穿洞群由一、二、三龙门组成,其位于利川东城笔架山村12组,地理坐标:北纬30°20′59.95″,东经109°01′09.23″;地质遗迹类型:穿洞群。

穿洞群是腾龙洞系统中最为重要的地质奇观,该区域在小范围发育穿洞群地貌,不仅景观奇特,而且包藏有多种岩溶形态,如穿洞、盲谷、袋状谷、小型天坑、溶蚀洼地等,为世界上罕见的喀斯特地貌。此地由地下河及大型水平洞穴顶板崩塌且两壁陡直的毛家峡-张家峡嶂谷组成,其东至观彩峡段有3个穿洞,从西到东依次为一龙门、二龙门、三龙门。当地俗称为"三龙门",异常壮观。虽然是天然生成,却宛如人工开凿。穿洞是指地壳抬升使洞穴脱离地下水水位而崩塌残余的部分,且两端透光者称之。横跨河谷的穿洞顶板,其两端与地面连接,中间悬空而呈桥状,称为天生桥。这两种岩溶形态在成因上具有共同的性质,都是洞穴崩塌后的产物;有时也分布在同一区域或同一条崩塌带上。区内岩溶嶂谷出现在腾龙洞伏流段毛家峡段,该岩溶嶂谷长1000多米,宽50~70m,深70~100m,两壁陡直。它们都是毛家峡洞向东延伸部分崩塌的结果(图 3-53)。穿洞群发育于下三叠统($T_1 j$)浅灰色薄层灰岩中,岩层产状平缓,倾角5°~10°。

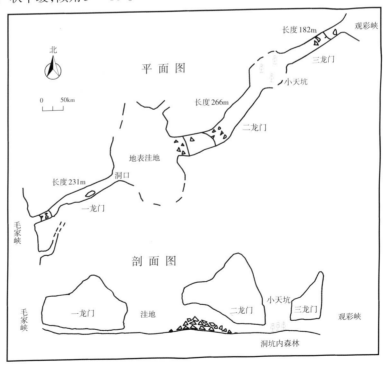

图 3-53 "三龙门"穿洞群平面及剖面图(实测)

（1）一龙门洞长231m，南西洞口宽约14.5m，高约9m；北东洞口宽12.2m，高7m（图3-54、图3-55）。一般洞宽10~20m，洞高6~16m。洞底、洞顶平缓，洞底淤泥沉积，洞内无石钟乳发育。南西洞口有一小支洞长15m，宽约0.5m，高约2m，西洞口有少量的崩塌岩块堆积，东洞口与溶蚀洼地相连。

图3-54　一龙门穿洞西口

图3-55　一龙门穿洞东口

（2）二龙门洞长266m，南西洞口宽约44.5m，高约45m；北东洞口宽32.2m，高21m（图3-56、图3-57）。一般洞宽30～50m，洞高18～46m。南西洞段洞底有大量的崩塌岩块堆积，地势起伏变化大；北东洞段洞底平缓并有淤泥堆积，两洞壁有石刺发育，洞顶上方有公路通过。全洞无石钟乳发育。北东洞口与漏斗（小天坑）相连。

小天坑：形状近长椭圆形，直径为78m，四周陡峭，深50～100m，地面平坦并种植有经济林；南西与一龙门洞口相连，北东与三龙门洞口相连（图3-58）。

图3-56 二龙门西口（航片）

图3-57 二龙门穿洞

图3-58 二龙门东侧外的小天坑（航片）

(3)三龙门洞长182m,南西洞口宽35m,高24m;北东洞口宽23m,洞高31.8m,一般洞宽23～35m,洞底起伏不大,洞内无石钟乳发育,但有少量的崩塌岩块堆积,洞壁流水波痕非常发育(图3-59)。北东洞口外与观彩峡相连。

10. 观彩峡

观彩峡位于利川东城交椅台村8组(图3-60、图3-61)。地理坐标:北纬30°21′17.93″,东经109°01′44.95″,地质遗迹类型:潜水洞。观彩峡的地形地貌为溶蚀山体峰丛顶部崩塌,又靠近峡谷边坡,有嶂谷发育特征,清江伏流在此露头,由图3-60中人站立的右侧从山中流出,笔直往前流淌300多米之后,再度潜入地下。观彩峡发育特征较为独特,形态为长方形口袋坑,东高西低,相对深度达到110m左右,其岩层结构较为复杂,发育形态奇特,溶蚀作用明显,是世界上较为少见的喀斯特地貌。

图3-59 三龙门穿洞

图3-60 观彩峡

图3-61 观彩峡和银河洞(航片)

11. 独家寨

独家寨(图3-62)位于利川东城交椅台村8组,地理坐标:北纬30°21′17.93″,东经109°01′44.95″;地质遗迹类型:溶蚀峰丛鞍部。该孤立峰丛底部只有一个不大的石口,上面只有一户人家,故称"独家寨"。

独家寨区域内有着清江明显阶段性发育的痕迹和现代地貌,清江在这里遗留有早期地质构造遗迹,也有挽近时期发生的地质灾害痕迹等景观,是研究清江发育发展的重要地质遗迹证据。

图3-62 独家寨(赵英槐 摄)

12. 银河洞

银河洞(图3-61、图3-63、图3-64)位于利川东城交椅台村8组,地理坐标:北纬30°21′19.44″,东经109°01′53.79″;地质遗迹类型:水洞旱洞混合洞穴。银河洞发育在岩溶干谷山体下部褶皱带上,银河洞为清江伏流早期出水洞,洞口形态呈岩屋状,洞穴向北东29°发育,而洞口朝南西,洞口宽约45.3m,洞高41.1m。银河洞是地面旱洞与地下清江伏流的连接通道(图3-65),在丰水期时它还起着清江伏流排水功能,洞口沉积有少量鹅卵石,是国内较为少见的喀斯特地貌,也是清江伏流的重要地质遗迹。

银河洞为伏流的一条支洞,全长2150m,总体走向北东62°,出口洞底标

图3-63 银河洞洞口及地表清江古河床

图3-64 银河洞洞口前端伏流河道

图3-65　银河洞洞内深处与清江伏游相通

高983.61m，与主洞交接处洞底标高991.98m，一般宽20～40m，高15～35m，为水洞的天然"溢洪道"。

当清江伏流水位（与银河洞相接处）高出991.98m时，伏流水流进入银河洞，由于银河洞洞底起伏不平，经过监测，只有当伏流水位超过海拔1 000.66m时，银河洞才开始从内往外溢流，洪水出洞后（图3-66），沿干河床流至深潭，自然潜入洞内再与伏流主流汇合。

图3-66　洪水季节银河洞洞内伏流外溢出地表

13. 清江古河床(干河沟)

清江古河床(干河沟)(图3-67、图3-68)位于利川市团堡分水村8组,地理坐标:北纬30°21′21.70″,东经109°01′52.62″;地质遗迹类型:岩溶干谷,清江古河床。这里为早期的地表河道,因地壳上升和气候变化等作用下发育的地上、地下排水系统,开始袭夺部分最终全部袭夺了地表河,成为了干谷,由于区域综合情况较为复杂,在这之前应该是地下伏流,崩塌后成为峡谷和地表河,峡谷边坡有残留的石柱和没有被水搬运走的崩塌堆积石块,尤其在靠近黑潭洞的位置有一处陡崖地形,丰水期时是瀑布、枯水期时是悬崖,干河沟有着明显的阶段性发育的遗迹,说明地质构造与清江演变密切相关。

图3-67 清江古河床通道

图3-68 古河床干河沟

14. 黑洞（清江伏流出口）

黑洞（清江伏流出口）（图3-69、图3-70）位于利川团堡镇分水村8组,地理坐标：北纬30°21′46.61″,东经109°03′45.12″;地质遗迹类型：水洞（伏流出口）。黑洞发育在山体下部,清江伏流的河道上有较多的岩块体（图3-71）,为清江伏流出口,洞口朝北东向,洞口形态呈岩屋状。在黑洞伏流出口处不同高程上发育很多大小不一的洞口,其形似四十八道望江门窗（图3-72）,因形态独具特色,全国稀少。

图3-69 黑洞出口（清江伏流出口）

图3-70 黑洞出口（内端）　　图3-71 黑洞伏流中段景观

图3-72 黑洞伏流出口之望江门

15. 清江雪照河峡谷

清江雪照河峡谷(图3-73)位于利川团堡镇大树林3组,地理坐标:北纬30°22′26.81″,东经109°05′17.31″;地质遗迹类型:岩溶峡谷。雪照河岩溶峡谷是岩溶地区典型受到河流切割和溶蚀地质作用,沿厚层块状可溶岩断层形成的大型、大深度、小宽度的线条裂隙,加上特有的气候条件等因素形成的岩溶峡谷,具有较高的科学考察价值。清江伏流由黑洞流出地表后,分别流经三叠系嘉陵江组灰岩、茶山背斜南端志留纪页岩,之后进入恩施盆地。

在这些不同的地质背景下,河谷

图3-73 雪照河峡谷

第三章 奇秀灵美 立体喀斯特

图3-79 峡谷山峦图(景区提供)

在海拔1700多米高的绝壁上,建有一长488m、高差达300m、与绝壁岩体融于一体的绝壁栈道(图3-80)。

图3-80　绝壁长廊图(景区提供)

此外,恩施大峡谷景区在建设自然山水景区的同时,还倾力打造历史文化精品。恩施大峡谷大型山水实景剧《龙船调》以大峡谷的绝壁景观为舞台背景,利用现代高科技舞台特效技术,绚丽的灯光、雄浑的音乐和壮美的绝壁风光交相辉映,演绎了一段经典的"天地恋歌女儿会、峡谷绝唱龙船调"(图3-81、图3-82)。该剧以恩施土家民族文化为素材,已被联合

图3-81　恩施大峡谷大型山水实景剧《龙船调》剧场(景区提供)

国教科文组织评为世界上最美的 25 首民歌之一的《龙船调》贯穿始终，是湖北首台山水实景演出剧场。

1. 清江大峡谷

清江大峡谷位于恩施沐抚办事处沐抚村，地理坐标：北纬 30°23′37.20″，东经 109°11′16.74″，海拔 1133m。岩溶峡谷在地质公园中占据着很大的空间范围。清江大峡谷主要由清江干流（雪照河）及其支流上（天河和云龙河）若干个体量非常巨大、无比壮观的峡谷群组成的朝东岩峡谷、云龙河峡谷、雪照河峡谷、见天峡谷等，科学研究价值极高，属国家级地质遗迹。

清江升白云（图 3 – 83、图 3 – 84）：大峡谷由于有清江的水汽凝聚，每逢雨过天晴升起的云海像一条腾飞的巨龙，蜿蜒曲折，延绵百里；绝壁峰顶，云烟飘渺。

清江大峡谷底部为清江，其主体是大致向东流，然后转为向南流动；两岸为陡坡，东段的南岸均为悬崖绝壁（图 3 – 85、图 3 – 86）。

图 3 – 82　恩施大峡谷大型山水实景剧《龙船调》剧场小景

图 3 – 83　清江大峡谷 清江升白云（胡成勇　摄）

图 3 – 84　峡谷云烟（景区提供）

图3-85 清江大峡谷全景照片

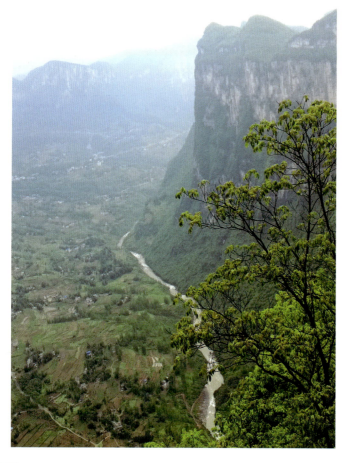

图3-86 清江大峡谷东段河道

2. 朝天笋

朝天笋(图3-87)位于恩施板桥大沙坝,地理坐标:北纬30°26′39.31″,东经109°14′54.49″,海拔1870m。朝天笋是垂直节理构造型溶蚀蚀余石柱,位于恩施大峡谷后山延绵的坡地中,从谷底拔地而起,高约150m,柱径5～20m,上尖下粗,坚挺兀立,傲视苍穹,因其极具男性阳刚之美,被当地老百姓俗称为"日天笋"。石笋南北向扁平陡直,东、西两侧似有"垫肩",可将之叫作"大鹏展翅"。朝天笋在当地被视为图腾,据传100多年前就有人登顶采药。它也是大峡谷标志性景观之一。

图3-87　朝天笋　单体蚀余石柱(景区提供)

3. 云龙河峡谷(地缝式峡谷)

云龙河峡谷(图3-88～图3-90)位于恩施沐抚办事处,地理坐标:北纬30°26′37.40″,东经109°10′54.25″,海拔1034m,为地缝式峡谷(嶂谷),长约4km,谷宽20～90m,谷深60～160m,谷壁陡立,为典型的"U"字形峡谷,峡谷上部谷肩处分布数个小型瀑布,谷底水流汹涌湍急。其典型"地缝式"谷深狭窄的特点,全国少见,属国家级地质遗迹。

云龙河峡谷(地缝)的谷肩之上为一较宽缓的谷地,且周边为陡峭崖壁,为一类似巨型天坑(退化天坑)的地貌形态(图3-89)。

震撼腾龙洞 雄奇大峡谷
——湖北恩施腾龙洞大峡谷国家地质公园探秘

图3-88 云龙河峡谷(航片)

图3-89 云龙河峡谷 地缝天坑(航片 景区提供)

第三章 奇秀灵美 立体喀斯特

云龙河中之水之源头,自重庆奉节龙桥河流入大山之中,至恩施板桥镇附近流出的暗河,云龙河上游暗河出口至河口河床高程由1300m降至720m,平均坡降29.6‰。这条暗河也是世界上最长的暗河之一,是中法联合科考队在2004年探索发现的。

云龙河峡谷——恩施大峡谷中的峡谷,就像地球肌体上的一道裂口,云龙河地缝灰岩喀斯特地貌,具有其他岩溶地区没有的特有景观。云龙河地缝长约3.6km,深约70m,宽10～20m,最窄的地方只有5m左右,两岸多处有飞瀑直流而下,构成"地缝接飞瀑"壮丽景观。

地缝接飞瀑(图3-91):地缝怪石遍布,五彩斑斓,古木苍翠,碧流潺潺,尤其是地缝两岸的数条飞瀑流泉,令人心旷神怡。

图3-90 云龙河地缝峡谷(地面照片)

图3-91 地缝接飞瀑、谷底照片(景区提供)

4. 七星寨石柱林

七星寨风景区（石柱林）（图3-92～图3-94）位于恩施沐抚办事处前山村大扁寨，地理坐标：北纬30°25′34.83″，东经109°10′07.56″，海拔1618m。七星寨石柱林面积3km²，初步统计共有62座石灰岩石峰、石柱，石柱高20～285m，直径7～195m，直径与高的比值小于1；石柱林拔地而起，丛列似林，密集广布，规模大，观赏性之高，全球罕见，被称为世界神奇地理

图3-92 七星寨石柱林（景区提供）

图3-93 雾绕峰林（景区提供）

奇观之一,属世界级地质遗迹。石柱林(石柱式峰林)主要分布在海拔1500~1700m的沐抚前山的东侧面(乐安村),即为大、中、小龙门一带,面积约为3km²。总体形态类似于张家界武陵源石英砂岩峰林,但其组成岩石为灰岩。放眼望去,数十座灰岩石峰、石柱,嶙峋挺拔,密集广布,形成浩瀚的石柱式峰林。三叠系大冶组灰岩岩层厚度由几十厘米至1m不等,岩层产状十分平缓,近水平,好像一块块岩石堆叠成的千层状石柱。由于石质较硬,柱身垂直挺拔,岩层既厚且产状(倾向及倾角)平缓,各个岩层之间不易沿层面滑动,可以支撑高达百米的石柱而使其不会倾倒或顶部滑落。石柱式峰林在我国和世界上都是罕见的岩溶景观类型,是湖北恩施腾龙洞大峡谷国家地质公园中观赏价值很高的珍贵地质遗迹。

5. 一炷香(溶蚀蚀余石柱)

一炷香(图3-95、图3-96)位于恩施大峡谷七星寨景区,地理坐标:北纬30°25′47.90″,东经109°10′08.99″,海拔1647m,为溶蚀蚀余石柱。一炷香(蚀余石柱)是恩施大峡谷的镇谷之宝,从其底部到最高处,高约150m,顶峰高出平台面42m,柱体底部直径6m,最小直径只有4m,在同类喀斯特地貌中十分罕见,为园区标志

图3-94 七星寨风景区石柱林(节理控制的石柱林)

图3-95 一炷香(溶蚀蚀余石柱)

图3-96 一炷香(溶蚀蚀余石柱)(景区提供)

性景观。2009年中央电视台的《走进科学》专栏报道了"一炷香"千年不倒之谜,2012年美国冒险家迪·恩波特在"一炷香"旁创造了41m无保护措施的高空走软绳世界记录,2013年它被美国有线电视频道(CNN)有线电视频道评为中国最美的40个景点之一,属世界级地质遗迹。

6. 玉笔峰、玉女峰(石柱林)

玉笔峰、玉女峰(图3-97、图3-98)位于恩施大峡谷七星寨景区,地理坐标:北纬30°26′01.58″,东经109°10′21.33″,海拔1494m,为溶蚀蚀余石柱。玉笔峰高约240m,玉女峰高约208m。七星寨石柱式峰林(石柱林)主要分布在海拔1500～1700m的沐抚前山的东侧面大、中、小龙门一带,形成浩瀚嶙峋挺拔的石柱式峰林地貌。石柱林总体形态类似于张家界武陵源石英砂岩峰林(假喀斯特地貌),但此地发育的基岩为灰岩,分布的地貌部位为峰丛边缘、峡谷两侧。石柱林是岩层中近南北向和东西向两组节理纵横交错,构成网格状互相交叉,把石柱切成近四方形,顺着两组交叉的直立节理面将岩石劈开而形成的,是园区中非常珍贵的地质遗迹,属世界级地质遗迹。

第三章　奇秀灵美　立体喀斯特

图3-97　玉笔峰、玉女峰

图3-98　大地山川之玉笔峰、玉女峰（景区提供）

7. 古象岭

古象岭（图3-99），喀斯特象形山体，形如远古猛犸象。象头上有根小岩柱如古象鼻，栩栩如生。该山岩体为三叠纪（2.5亿~2.3亿年前）灰岩山体地貌，灰质较纯，坚固，因而整体性强，垂直溶蚀痕发育，小灌木植被如同古象之毛发。

图3-99 古象岭（景区提供）

8. 祥云火炬

祥云火炬（图3-100）为岩溶石峰景观，是三叠纪（2.5亿~2.3亿年前）灰岩经溶蚀及边缘崩塌而形成。该处自然单体岩柱原本与大山为一体，但因灰岩层理较薄、质地不纯，卸荷裂隙发育，部分岩块自然脱落，而逐渐分离而独立，并呈现火炬状，故名。

9. 手风琴

手风琴，实为薄层灰岩岩块（滚石）。其原岩形成于距今2.5亿~2.3亿年的三叠纪，为海相沉积薄层灰岩，后经差异风化作用而成。该滚石上纹理清晰，多呈凹凸状、平直状，具有一定的韵律，线条流畅，时有波折起伏；颜色呈灰黑色、灰白色、灰色、棕色相间，其棕色稍显突，色泽与纹理比较协调，显得自然、光洁；造型奇特，侧面看单层多呈现山形等自然景象，因块石整体形似手风琴而得名（图3-101）。

图3-100 祥云火炬

图3-101　手风琴

10. 大楼门群峰

大楼门群峰不同于一般的峰林及石林,是三叠纪(2.5亿~2.3亿年前)灰岩经过溶蚀、雨水冲刷及重力崩塌之后形成的一群巨型陡立状岩柱体,其边缘均为高耸的绝壁,绝壁峰丛构成的整体形象极为壮观(图3-102)。

图3-102　大楼门群峰——绝壁峰丛彩虹图(景区提供)

11. 双子塔

双子塔（图3-103）为喀斯特象形山石景观。此处出露的、相向而立的两座岩柱山体，形如孪生子女，故得名。该岩柱系三叠纪灰岩经风化剥蚀、溶蚀及重力崩塌形成。岩柱形成前，岩体垂直裂隙发育，风化作用及重力崩塌作用使得直立裂隙不断扩大，最终导致完整岩体逐渐分离成对称的两座岩柱。

12. 母子情深

母子情深（图3-104）为喀斯特象形山石。三叠纪灰岩经风化剥蚀、溶蚀而形成的孤峰岩体，其高约25m。因岩石层理较薄，易于风化垮塌，顶

图3-103 双子塔

图3-104 母子情深（喀斯特象形山石）（景区提供）

部已开始破裂,右边形成了一个天然人头像,左边小岩块如同一个婴儿;整体酷似一位土家族女子正在轻吻怀抱中的婴儿。这是大自然送给人类"母子情"形象逼真的"雕塑作品"。

二、朝东岩园区地质遗迹景观特征

本园区西起利川团堡镇卡门西侧,沿清江河道向东往下游延伸,东南经朝东岩至龙头石,西南沿清江支流小溪河往其上游至小溪河伏流洞穴区,面积为25.7km²。

本区地貌最大特色是深切的高山峡谷,是区内切割深度最深之处,达1000m;小溪河地区是新近发现的又一地表河、伏流洞穴密集发育的组合型喀斯特地貌。

区内高山峡谷较多,气势恢宏。本区目前基本上属于原生态之状况。

1. 朝东岩大峡谷

朝东岩大峡谷(图3-105)位于利川团堡棠秋湾村,地理坐标:北纬30°21′18.53″,东经109°16′33.39″,海拔1462m。朝东岩大峡谷属清江大峡谷组成部分,长约17.5km,纵断面坡降大,落差近280m,坡降为16‰。该河段河床海拔约500m,其上有数级陡崖分布,最高一级陡崖顶部与水面高差近千米,气势雄伟,蔚为壮观,为园区独具特色的典型大峡谷之一,国内罕见,属国家级地质遗迹。

朝东岩峡谷是指西起大河碥电站东至朝东岩和天楼地枕清江河谷一带。峡谷两岸为中山山地,地势崎岖,山高谷深,水流湍急,河曲发育,河流断面呈"V"形或箱形。谷底水流汹涌湍急,利用水的落差已建成大河碥电站。

朝东岩一带由于右岸发育有连绵数千米的高耸壁立的陡崖,成为非常

图3-105 朝东岩大峡谷

壮观、极为罕见的岩溶峡谷景观。该河段河床海拔约500m,其上有数级陡崖分布,最高一级陡崖顶部海拔约1500m,与水面高差近千米,气势雄伟,蔚为壮观。

由于清江发育过程中有过几次明显的侵蚀基准面急速下降和其间的相对稳定时期,相应于这一过程,在朝东岩峡谷段的不同高程上发育有众多的洞穴,水位的下降、河流的变迁变化还造就了许多孤立的石柱,形成了绝妙的景观。

2. 小溪河峡谷

小溪河峡谷位于利川团堡镇牛栏坪8组,地理坐标:北纬30°21′58.62″,东经109°15′20.75″。地质遗迹类型:岩溶峡谷。小溪河峡谷(图3-106)为典型的河流深切和大型洞穴顶板崩塌,受到侵蚀形成两臂直立的长条状深谷。峡谷上游有穿洞、洼地、洞穴等保留,较为突出是天鹅塘出水洞,早年的出水洞已经崩塌,地下水从崩塌石块流出。峡谷形成阶段性强,具有较高的科学研究价值。相关水系为清江流域一级水系小溪河。

图3-106 小溪河峡谷

3. 仓洞

仓洞(图3-107)位于利川团堡牛栏坪10组,地理坐标:北纬30°21′16.47″,东经109°14′21.26″。地质遗迹类型:旱洞(多层洞穴)。仓洞发育在岩溶峡谷北侧山体中部,洞口呈岩屋状,洞穴沿山体裂隙缓向上发育,洞口早年有人居住,原始洞口修建有围墙,洞穴分上、下两层,上层洞穴没有人进入,保持原始状态,化学沉积物发育良好,具有一定的科学研究价值。

4. 小溪河伏流出口

小溪河伏流出口位于利川团堡牛栏坪10组,地理坐标:北纬30°20′58.26″,东经109°13′53.55″。地质遗迹类型:出水洞。小溪河伏流出口为团堡河伏流出口,从峡谷发育条件来分析,早年为出水洞,后期洞顶崩塌后,出水洞洞口堵塞,地下河河水只有从崩塌石块堆积体流出,河道上发育流水侵蚀的壶穴等微地貌(图3-108)。小溪河峡谷有着重要的地质科学意义。相关水系为清江流域支流小溪河。

图3-107 仓洞"擎天一柱"

图3-108 小溪河伏流出口、流水侵蚀的壶穴等微地貌

5. 天鹅塘

天鹅塘(图3-109)位于利川团堡镇牛栏坪10组,地理坐标:北纬30°20′57.62″,东经109°13′57.26″;海拔820m,是国内少见的潜水塘(出水洞),又可称为:岩溶潭。发育在小溪河岩溶峡谷中段小溪河伏流出口,潭水深不可测,结构复杂。天鹅塘南侧悬崖有一出水洞,雨季时出水洞出水量大,洞内有深潭,所在水系为清江流域支流小溪河。

图3-109 天鹅塘

6. 小溪河穿洞

小溪河穿洞(图3-110)地处利川团堡四方洞8组,地理坐标:北纬30°20′46.68″,东经109°13′20.41″;海拔1018m,位于小溪河岩溶峡谷上游末端洼地内,洞穴发育在洼地内,穿洞为东西向贯通,长约80m,穿洞洞口呈岩屋状,其内修建有房屋,早年有人居住。该区域地形地貌独特,有着较好的地质景观价值,相关水系为清江流域。

图3-110 小溪河穿洞

7. 船桨山

船桨山(图3-111)位于恩施沐抚办事处,地理坐标:北纬30°23′19.79″,东经109°10′53.85″;海拔880m,为溶蚀残余石柱。湖北恩施腾龙洞大峡谷地质公园内有大量的岩溶石峰,由于岩层组合、构造变动、水流侵蚀等多种内外营力作用,造就了大量的象形山石。位于大峡谷园区内的船桨山,便是地下水、地面水综合溶蚀作用而形成的蚀余石柱,因其酷似船桨,故名船桨山。

图3-111 船桨山(溶蚀残余石柱)

8. 龙头石

龙头石(图3-112)地处利川团堡棠秋湾村,地理坐标:北纬30°20′42.98″,东经109°17′13.24″;海拔1339m,位于清江大峡谷北岸朝东岩峡谷边缘,龙头石为陡崖顶部凸出悬空的岩石,形似龙头俯视山下,与峡谷底部的清江河床高差近千米,气势雄伟,蔚为壮观,为独具特色的典型地质景观。

图3-112 龙头石(悬空石)

第四章
奇妙喀斯特的前世今生
DI SI ZHANG
QIMIAO KASITE DE
QIANSHI – JINSHENG

喀斯特地貌的由来与种类

国外称为 Karst(音译为喀斯特),原为"Kras",即石头裸露的意思,是欧洲斯洛文尼亚境内伊斯特里亚半岛上一个有灰岩分布的高原之地名。此地靠近意大利,意大利人称之为"Cars",而德国人称之为"Karst"。因早期有关研究这种灰岩的景观多用德文编写,后来即传开以"Karst"命名这类地貌现象,英文也沿用此名称。因为近代喀斯特研究发源于此地,因而得名喀斯特地貌。

我国在第二届中国岩溶(喀斯特)学术会议(1966年)上将"喀斯特"一词改为"岩溶",之后在中文的专业术语上与"喀斯特"同等使用。

喀斯特地貌是指可溶性岩石被具有溶蚀力的水溶解、侵蚀而形成的地表和地下形态的总称,也称为喀斯特地貌。可以进一步理解:主要由地下水引起,地表水为辅,主要由化学过程(溶解和沉积)引起,辅之以机械过程(水侵蚀和沉积、重力塌陷和堆积),使可溶性岩石遭受破坏和分解,由此而形成的地貌称为喀斯特地貌。

喀斯特地貌是一种立体地貌,既分布地表又发育地下。

一、地表喀斯特地貌

地表喀斯特地貌分为两种形态,即溶蚀(蚀余)形态和堆积形态。

溶蚀形态喀斯特地貌:依据侵蚀程度不同,具体包括溶沟、石芽、溶蚀洼地、溶蚀谷地、喀斯特漏斗(天坑)、落水洞、干谷、盲谷、峰林、峰丛、孤峰(图4-1)。

堆积形态喀斯特地貌:主要有瀑布华、钙华堤坝和岩溶泉华等。

二、地下喀斯特地貌

地下喀斯特地貌分为两种形态,即蚀空形态和堆积形态。蚀空形态包括溶洞、喀斯特管道、地下河(湖);堆积形态包括石笋、鹅管、石柱、石钟乳等(图4-1)。

| 第四章　奇妙喀斯特的前世今生

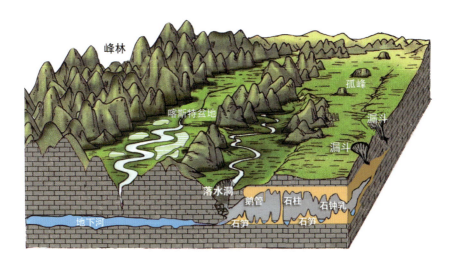

图4-1　喀斯特地貌地面地下立体示意图

地质遗迹景观之形成条件

恩施腾龙洞大峡谷国家地质公园地质遗迹及景观的形成，与本区的地层岩性条件、构造与水文地质条件、自然地理条件、岩溶发育史和区域地貌发育史等内外因素有关，是地质、气候、水文与新构造运动、地表和地下岩溶的长期协同作用的结果。

一、地层岩性条件

可溶性岩石是喀斯特地貌形成的基本条件。岩石的溶解度由岩石的结构和成分决定。依据岩石的成分来划分，岩石可以分为碳酸盐岩、硫酸盐岩和卤岩，其中，卤岩溶解度最大，碳酸盐岩溶解度最小，硫酸盐岩介于两者之间。由于硫酸盐岩和卤岩的分部少、岩体小，而碳酸盐岩分布较多、相对岩体的块体较大，因此，碳酸盐岩发育的岩溶（Karst）较为普遍，碳酸盐岩是岩溶发育的物质基础。

碳酸盐岩包括灰岩、白云岩等，主要是在低纬度温暖的浅海陆棚环境中，由海水中溶解的物质经化学沉淀作用，同时还在生物（如海藻、珊瑚等）的参与和碎屑物质的机械沉积作用下形成的。游览过洞穴的人常听导游员讲,那个溶洞所处的地区在多少年以前是一片汪洋大海,就是指碳酸盐岩最初形成的古地理环境。

海洋中沉积的碳酸盐岩地层,连同覆盖在其之上的其他岩层一起,经漫长的地壳抬升隆起、褶皱和断裂,上覆的其他岩层因风化剥蚀而逐渐消失,碳酸盐岩地层终于暴露于地表或处在近地表附近,在大气降水和地表流水的作用下,发生溶蚀作用。

构成本地质公园岩溶地质遗迹及景观的碳酸盐岩主要地层为二叠系和三叠系,其岩层厚度达2000m以上,年代相对古老而坚硬。而在国外的一些岩溶区中,分布最广的往往是较"年轻的"碳酸盐岩,成岩程度较差,孔隙度较高。如地中海沿岸、伦敦盆地及中欧、东欧是以中生代碳酸盐岩为主;东南亚(越南除外)、澳大利亚中部的纳拉伯平原、巴黎盆地、美国东部各州及加勒比海岩溶区,则多以古近纪和新近纪碳酸盐岩为主。而本地质公园内的古老碳酸盐岩的物理性质和化学性质,对地表地貌和地下洞穴的形成都极为有利。正因为岩石的巨大支撑能力,才能形成并长期保持洞穴极为巨大的规模,使其历经百万年的溶蚀与侵蚀仍被完好保存;为巨大的洞穴廊道提供了坚实的支撑骨架;同时也为高达百米的众多石柱和峡谷两岸高达数百米的绝壁形成提供了条件。

二、构造与水文地质条件

地壳的新构造隆升,导致地表下切和地表排泄基准面的下降,地表河为适应排泄基准面下降而下切,形成厚度较大的包气带,在地表形成干谷,在地下形成地下河,而地壳的又一次变动引起再一次的水位下降,从而在形成旱洞穴、穿洞群、峡谷的同时,又形成新的地下河。当地壳抬升速率与地下河在某一空间位置的强烈溶蚀与侵蚀作用速率大致均衡时,在有利部位可以形成极大规模的洞穴廊道。

溶蚀、侵蚀作用力强大的地下河系统的存在是大洞穴、穿洞发育的动力条件。地下河搬运走大量的崩塌物质,从而扩大洞穴规模,洞顶的崩塌则导致天窗和穿洞群的生成和某些峡谷的形成。因此,穿洞、天窗、峡谷的发育,必须存在着物质、能量输入与输出功能强大的水动力系统。

岩石的透水性主要受孔隙度和裂隙度的影响。其中,裂隙度对岩石透水度的影响比孔隙度的影响更大。一般来说,可溶性岩石都存在一定的孔隙度,但如果裂隙少,没有张开贯通,岩石的透水性比较差。多数情况下,厚层的可溶性岩隔水层较少,那么岩层裂隙张开就会比较大,透水性就较好;相反,薄层的可溶性岩隔水层较多,岩层裂隙张开较小,透水性较差。

一些断层和褶皱也会增强透水性,在一些褶皱地区,地表岩溶沿褶皱呈带状分布。

三、自然地理条件

本区处于中亚热带湿润季风气候区。年平均气温为12.7℃,年平均降水量1300mm左右,且雨季和夏季高温期相一致,有利于溶蚀作用的加速进行。与世界其他地区相比,地中海一带岩溶也十分发育,斯洛文尼亚的狄纳尔岩溶区被冠以"经典岩溶区"。但那里属地中海型气候,主要特点是夏季干燥、冬季潮湿,即水、热不同步。虽然夏季融雪水有利于地下巨大洞穴(特别是竖向洞穴)的发育,但物理风化作用使地表岩溶形态不能充分发育。而本区丰沛的降水既使地表水系发育、河流纵横,既增大了地表的溶蚀与侵蚀能力,又能在地下同时进行强烈的化学溶蚀,使得地表岩溶形态和地下的地下河配套发育。优越的气候条件,还为植物的生长提供了良好的生态环境,而繁茂的植物又使生物溶蚀作用进一步加强。从气候变迁史看,自新近纪末以来,区域经历了暖、温、冷、干、湿的变化,但总体上一直属于较湿润的亚热带气候,有利于喀斯特地貌长时期的、充分的发育。

奇妙景观的地质历史演化过程

一、洞穴、穿洞形成演化过程

众多的洞穴、规模极大的洞穴廊道、深切割的峡谷、保存完好的峡谷、石柱林和穿洞群是湖北恩施腾龙洞大峡谷地质公园最重要的地质遗迹,现以洞道规模极为巨大的腾龙洞为例,说明腾龙洞大峡谷地区洞穴(包括穿洞)的形成和发展演化过程。这一过程可以概括为以下3个阶段。

1. 早期潜流带洞穴形成阶段

在地下水水位以下一定深度处于全充水承压条件下形成早期的潜水带洞穴通道。此时的通道可能是若干个潜流环,规模不很大,年代甚早,其主导作用是溶蚀作用。此时,地表河(古清江)在这一带是通过现今长堰槽一线作为河流河谷。

2. 腾龙洞地下河(伏流)洞穴发育和崩塌发生阶段

它是一个延续时间很长的阶段,是腾龙洞洞体形成的主要时期。这一阶段大致是在早更新世晚期,即在距今至少100万年以前开始。随着云贵高原的大面积抬升,腾龙洞逐渐上升至地下水水位附近,古清江为适应这一变化,必须寻找更为合适的水流通道,于是古清江放弃了原来的长堰槽古河道,将当时腾龙洞原有的洞道作为自己的排水通道,并在白洞洞口一带开拓出新的出水口,从那里将水流再次排入清江。此后,流经腾龙洞内清江的巨大水流流量,改造着原先的潜流带通道,并不断扩大、塑造出新的规模宏大的地下河洞穴通道。溶蚀作用和受重力作用控制的水流侵蚀作用用了几十万年的时间共同造就了今日腾龙洞的总体格架。腾龙洞随地壳进一步上升而逐渐离开地下水水位时,因充满洞体的巨量水流的排出而发生大规模的洞顶崩塌。崩塌与溶蚀、侵蚀作用一起构成洞穴发育的三大作用。地下河带走了大量的崩塌物质,从而不断扩大洞穴空间。清江河是腾龙洞地下河的地方性侵蚀基准面,但它的下切速度又受制于江汉平原的下降速度。在腾龙洞地下河的发育过程中,清江下切速度正好和腾龙洞地下河的溶蚀、侵蚀作用速度处于均衡状态,所以腾龙洞的主要廊道愈切愈深,从而最终达到世界洞穴廊道的最大高度(现洞底至洞顶高度最高处超过200m),加上洞道围岩岩性坚硬,地层产状平缓,使得这一巨大规模的廊道得以保存。

与此同时,作为腾龙洞最大支洞的毛家峡(又称玉女洞)支洞的洞顶普遍发生大规模崩塌,形成峡谷状地貌,而在某些部位保留下洞顶,成为今天所称的穿洞。正是这些穿洞,极好地昭示了这里曾经发生过的地质事件——大规模的崩塌和地下形态向地表形态的转化。

3. 下层伏流地下河道形成与洞穴次生化学沉积物沉积阶段

随着清江河的发育、下切,在原腾龙洞古地下河中流动的水流为适应地方侵蚀基准面下降而又一次潜入地下更深处,形成下层伏流(即现仍在继续发育的出口为黑洞的现代伏流)。此伏流地下河的顶板在洞内多处地方崩塌而形成竖井状垂直洞道,最后在黑洞一带找到新的排泄出口。黑洞一带洞口很多,而清江(雪照河河段)处于不断下降过程中,为适应不同时段时伏流的排水要求而发育了多个洞穴出口,即通常所说的"指状分枝"出口通道。

对于已脱离现代地下水水位的腾龙洞旱洞洞道来说,大气降水沿洞顶上方的碳酸盐岩裂隙下渗,洞穴的滴水、洞壁的流水和渗水等开始活动,旱洞穴之上有巨厚的碳酸盐岩地层,含有过饱和碳酸钙的溶液进入旱洞穴空间,为了与洞穴 CO_2 浓度取得平衡而释放出水溶液中的 CO_2,于是造成洞穴次生化学沉积物的沉积。在以沉积作用为主的这一阶段,仍不时有崩塌发生,但规模大大小于前一时期。腾龙洞内的次生化学沉积物总体上很不发育,其原因有待进一步研究,但在局部地段,特别是在白玉石林处发育有较多石笋。而在位于更高处的玉龙洞内有发育很好的鹅管和数量众多且形态优美的石笋,是腾龙洞洞穴系统中的佼佼者,有很高的美学价值。

二、洞穴系统的发育演化过程

腾龙洞洞穴系统是一个经过了幼年期、壮年期和老年期已经发展成熟的大型洞穴系统,有着复杂的演化过程,其中包括了河流的冲刷、掏蚀和其他水流的溶蚀,大规模的崩塌和沉积充填作用。

区内地壳以大面积间歇性抬升,排泄基准面的阶段性下降和溶蚀作用的叠加,主要呈水平延伸的腾龙洞及支洞被抬升而成为旱洞(图4-2)。

岩溶洞穴的形成与发展是一种极为复杂的化学溶蚀、机械侵蚀和崩塌过程,主要可以分为3个阶段:

(1)水流沿着可溶岩的层面节理或裂隙进行下渗,并向地下水水位基准面排泄,然后水平流向地表小溪。

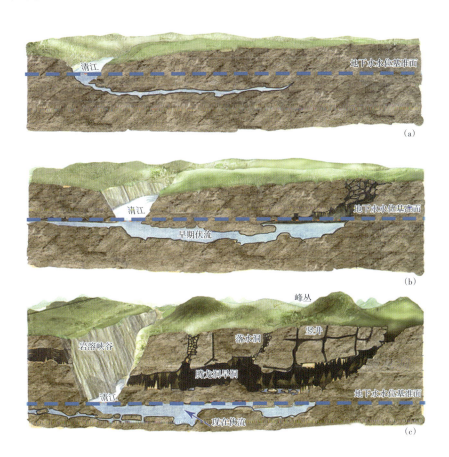

图4-2 腾龙洞水洞、旱洞形成演化图

（2）随后地表河下切，地下水水位基准面下降，渗入地下的水不断扩大裂隙通道，形成主要的水平通道。

（3）后期地壳强烈抬升，地下河不断下切并形成峡谷，地下水水位基准面继续下降，地下河形成新的水平状通道——现在的清江伏流，而早期的地下河通道被抬升成为旱洞（腾龙洞）。

随着后期地壳运动的上升总趋势，越来越短的间歇周期，清江伏流下蚀作用加强，水洞不断遭到破坏和改造，底部塑造成多级跌坎、急流、瀑布和深潭，顶部部分陷落成"天窗"，使早期清江古河床完全干涸。

地表河道发生多次下降迁移，被遗弃而成为干河床（清江古河床），最终清江自"卧龙吞江"落水洞进入地下，重新变成伏流，一直到观彩峡、黑洞才转变为地表明流。后期，地壳间歇性抬升，由于洞顶不断崩塌，使得腾龙洞洞顶高度不断增加，局部崩顶形成天窗；如继续崩塌，至大面积塌顶，洞穴或支洞变成嶂谷或穿洞（"三龙门"）（图4-3）。

最后地壳再次大幅度上升，使伏流下游的清江河谷深切，水洞与旱洞在多个地点互相沟通，洞顶不断塌陷，洞穴明暗交替，伏流段东、西两端的清江河谷深切，形成壮观的峡谷、嶂谷。

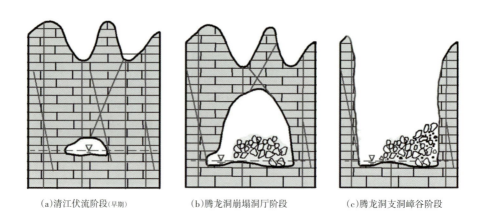

(a) 清江伏流阶段（早期）　　(b) 腾龙洞崩塌洞厅阶段　　(c) 腾龙洞支洞嶂谷阶段

图4-3　腾龙洞洞厅、支洞嶂谷演化图

三、岩溶峡谷及天坑地缝的形成演化过程

岩溶峡谷是岩溶山区普遍出现的一种地貌类型，除具谷深远大于谷宽的基本形态特征外，还在形态结构、水动力条件、传输方式以及空间地域结构上与非岩溶峡谷有所不同。

湖北恩施腾龙洞大峡谷地质公园岩溶峡谷的形成和表现出的形态类型，与其形成的有利条件和发育过程密切相关。

作为峡谷的共性，由地壳相对升降所引起的水流的下切作用最为重要，当某一局部地区的侵蚀基准面下降时，该处地表水水流的势能加大，并转化为动能，这样就加大了河流的侵蚀能力，于是在岩层的适当部位下切、形成峡谷；若峡谷位于岩溶区，那么由于可溶岩本身的特性——易于被具有酸性的水所溶解，从而造成两种有利于峡谷发育的情况：一是溶解作用溶蚀掉一定量的岩石，促进峡谷的生长；二是水一旦在可溶岩中占据某一流路之后，其溶蚀作用主要是向纵深发展，而不是往横向扩展。正是因为如此，岩溶峡谷总是突出地表现出"深切"和"狭窄"这两个特点。崩塌作用在峡谷形成中有两方面的意义：加宽河谷和形成谷底的某些堆积形态，在岩溶峡谷中崩塌作用所造成的主要结果是峡谷两边崖岸的无比陡峭。

地质公园新生代形成的岩溶峡谷皆具有上面所述及的岩溶峡谷的特征和形成作用过程。清江上游峡谷区岩溶化地层古老而坚硬，随着清江（上游）地方性的侵蚀基准恩施盆地的沉降，清江恩施大峡谷随之形成。因此，从水动力过程看，清江上游岩溶峡谷是地表水向地下水迅速转换并力图适应变化的、不断下降的地方侵蚀基准面向纵深发展过程中，所塑造出的一种喀斯特地貌形态。岩溶峡谷是岩溶山区普遍出现的一种地貌类型，除具有谷深远大于谷宽的基本形态特征外，还在形态结构、水动力条件、传输方式以及空间地域结构上与非岩溶峡谷有所不同。

恩施腾龙洞大峡谷地质公园的峡谷形态类型甚为复杂，表现出峡谷地貌的多样性。岩溶峡谷的形成是以流水下切为主的侵蚀、溶蚀和崩塌作用联合协同塑造的结果，由于起主导作用的因素的组合不同，峡谷的形态结构则有所不同。以水流下切作用为主时，形成峡谷，有时可发育成规模很大的深切割大峡谷，以恩施大峡谷为代表；以崩塌作用为主时，形成箱形谷；而在水流不大、溶蚀作用强烈、地方性侵蚀基准下降快的情况下，可以引起某些洞穴洞道的崩塌，形成特殊成因的峡谷，如毛家峡。

而当地下河（伏流）的局部段落在有利的构造、地形和水文条件下，可能使上部洞顶塌落而成明流在地表流过一段距离，但后经过地下河强烈的溶蚀和侵蚀，导致上覆碳酸盐岩层不断崩塌，地下河道将崩塌物输出，而使崩塌空间不断扩大，这一作用不断累加，形成漏斗状或穹隆状地下大厅，大厅继续崩塌，大厅顶部在地表水的溶蚀和重力作用下，会逐渐接近地表最终塌顶形成天坑，在此基础上，天坑底部的河流，由于云贵高原的快速隆起，水流强烈下切作用，最终形成两侧岩壁狭窄、深宽比大于10∶1的嶂谷型峡谷——云龙河地缝（图4-4）。

关于云龙河天坑，根据实地调查与对比分析，需要说明的是：

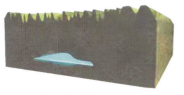
(a) 地下河阶段

(b) 地下崩塌大厅阶段

(c) 天坑阶段

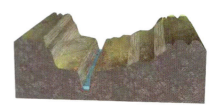
(d) 地缝阶段

图 4-4　云龙河天坑地缝形成演化阶段示意图

(1) 恩施大峡谷景区云龙河天坑是一个第四纪以来逐渐退化的天坑(图4-5),两河流交汇处天坑陡壁削失(巨型天坑形成后部分陡壁被改造并消亡),呈现3个陡壁缺口的天坑。第一个陡壁缺口是云龙河与马尿溪交汇处;第二个陡壁缺口是云龙河河口与清江交汇处;第三个陡壁缺口是清江与大溪河(朝东岩)交汇处。陡壁的消失与河流水的作用和地质构造线交汇容易发生岩体崩塌、搬运密切相关,如恢复3个缺口就是一个四周陡峭、完整的巨型天坑;天坑定义中必须具备条件之一是坑壁四周陡峭、完整的大峡谷天坑经后期的各种地质作用现在陡壁缺口有3个,被改造后的天坑残留地质遗迹被称为退化天坑。

这一退化天坑的东南西北4个方向均为悬崖峭壁(图4-6~图4-9)。

(2) 沐抚滑坡体是天坑的组成部分之一。由大峡谷天坑崩塌堆积物构成沐抚滑坡体,滑坡遗迹主要分布于清江和云龙河两岸并组成大峡谷宽谷两翼。沐抚镇一带出露三叠纪薄层灰岩和二叠纪灰岩地层产状近水平,而云龙河地缝直接下切,切开了三叠系及下伏的二叠系(图4-10);滑坡体主要分布在地缝两侧,其整体滑坡速度较慢,且仅在天坑崩塌堆积物风化表层发生滑动,近代以地缝东侧发生滑坡地质灾害为多。

(3) 同一天坑垂直分带的地质作用差异明显。天坑处于海拔高差大(从朝东岩清江处500m到一炷香处山顶1700多米)环境,气候、植物、地质环境,河流和地质作用强度变化差异大,同为三叠纪薄层灰岩和二叠纪灰岩地层的地方,残留下的地质遗迹成因解释各异。如同小环境下人们看到的气候变化多彩一样,山上盖棉被、山下开制冷空调,因此地质遗迹出

图4-5 云龙河天坑分布范围示意图

图4-6 云龙河地缝及天坑东侧陡壁

图4-7　云龙河天坑南侧陡壁

图4-8　云龙河天坑西侧陡壁

图4-9　云龙河天坑北侧陡壁

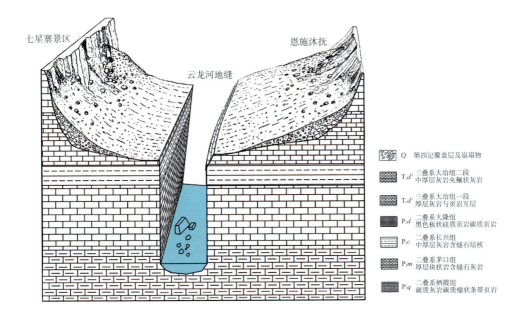

图4-10 云龙河地缝及天坑结构剖面示意图(何端傭 绘制)

现的现象也是多彩叠加在一起,复杂的成因演化解释可以理解为山上属寒带地质作用的结果,山下为亚热带地质作用的产物。

(4)与云龙河相关的地质遗迹形成有时间顺序。云龙河大型地质遗迹从云龙河剖面上看,海拔高程高的先形成,低的后形成,云龙河的地质遗迹的形成时间顺序是天坑→宽谷→云龙河暗河→窄谷→地缝。在科普导游中经常错误地认为地层沉积时间为后期地质遗迹形成的时间(三叠纪薄层灰岩和二叠纪灰岩地层),都是几亿年前形成的,而在地质学的认知中天坑→宽谷→云龙河暗河→窄谷→地缝形成时间仅有几百万年;地缝地质遗迹现在还在发育,云龙河水电站大坝建成后河水改道,地缝"生长"得更慢或几乎停止发育。

此外,在七星寨山顶部位,有峡谷从东北向西南伸延,大体上接近于直线,因原先的洞穴通道顶板的崩塌而出露地表。类似于毛家峡那样的深邃、笔直伸长的峡谷或深堑,尚有多条,如大致平行的白尺峡等。虽然峡长短宽窄各异,规模大小不同,但有一共同点,此类高层(干)峡谷主要作北东-南西向延伸,另有一组峡谷是自北西向南东延伸,如环绕大龙门的峡谷是其中最典型的一条。两组峡谷互相交叉,呈网络状。

四、石钟乳、鹅管和石笋的形成演化过程

1. 石钟乳、鹅管

石钟乳和鹅管是最常见的一种洞穴化学沉积物,悬挂于洞顶,从洞顶节理裂隙中渗出的水,由于其表面张力而以水滴形式在洞顶作一定时间(几分钟到几小时)的悬挂,然后落到洞底,如前所述,在水滴悬挂期间,所含的CO_2消失于洞穴空气,溶液变得过饱和,于是在水滴表面结晶析出的$CaCO_3$形成极薄之钙膜,水滴落下时,钙膜破裂,少量的碳酸钙便在与洞穴顶板连接处沉积下来形成一个环,其直径与水滴直径相似,下渗的水滴不断供给碳酸钙,此环便以同样的直径向下生长。这种细长、中空的石钟乳,我国从古代起就称之为鹅管,国外称之为通心石。鹅管的内径一般为3~4mm,壁厚0.5~2mm,几乎全由方解石组成,晶体结构简单,当$CaCO_3$缓慢、持续不断地生长时,每一单根鹅管常常是一个单晶,而当沉积速度较快或者是或快或慢生长时,方解石生长方向则较乱,鹅管通常长几十厘米。有人通过作用于下垂水滴上的重力和液体表面张力的计算,认为鹅管直径的下限是5.1mm,与实际观察值5~6mm颇为近似。鹅管和其他形状的石钟乳悬挂于洞顶,当它们长大到一定程度时,则会因自身的重量而引起悬挂处的破裂和塌落。

鹅管在我国虽然出现得较普遍,但绝大多数洞穴中的鹅管都甚为短小,像玉龙洞这样数量多、长度达50cm以上的尚不多见,是稀有的沉积形态。

因为下渗水中往往含有其他物质(黏土、细颗石英颗粒等杂质)或由于鹅管中心空洞中晶体的生长,从而使中心通道被堵塞,下渗水便沿石钟乳外部流动和沉积,形成倒锥形、冰凌形石钟乳,当若干个相距甚近滴水点的水滴共同作用于一个石钟乳上时,可以形成形状更为复杂、更为不规则的石钟乳。在石钟乳断面上,总是可以看到直径5~6mm的中央通道,当然这一通道常常已为后期生长的纯方解石所充填,所以石钟乳的横断面就呈现出以鹅管为中心的同心圆状结构,石钟乳的这种类似树木年轮的环表示时间或环境的变化,只是其周期远较树木年轮复杂得多。

2. 石笋

在洞穴底板上从下往上生长的石笋,是石钟乳的对应物。石笋的位置由下落的水滴所决定,水滴从石钟乳上滴下时,其内仍包含有一些过量的CO_2,当水滴落到洞底时破碎成无数的极小的小水滴或形成薄而宽的流动的水膜,这样就有了较多的表面积从而引起CO_2气体的散逸,于是又沉积出$CaCO_3$,石笋便不断生长、加高。在所有洞穴化学沉积物中,构成石

笋的$CaCO_3$的数量是相当可观的。

石笋的直径通常比其上部相对应的石钟乳的直径要大,有人从简单的质量平衡出发,计算出在水滴缓慢下滴时,石笋的最小直径为3cm。石笋没有中央通道,顶部常为圆形。当水滴从较高处滴下时,则形成平顶的石笋。此外,由于滴水的pH值的变化,已经形成的石笋可以又被溶解,在石笋顶部造成凹穴,有时甚至可将石笋全部溶解掉,可见石笋的形态受水滴的化学性质、溶解的物质、水滴落下的距离、滴水的频率、空气流通状况等多种因素的支配,而形成锥形、塔形等各种各样的形状。洞穴中许多优美的景致,拟人、拟兽的景物都是由石笋构成。

腾龙洞的千龙厅和腾龙洞洞穴系统中的玉龙洞均有石钟乳、鹅管和石笋。其中最典型的当属玉龙洞,洞中石笋不仅数量多、分布密度大,而且形态极为优美,石笋一般是上细下粗,但玉龙洞中石笋形体是修长而均匀,一般高为3~4m。这至少表明其沉积环境相当稳定,水滴的量与其中被溶解的$CaCO_3$含量长期保持在一个水平上。这样的石笋不仅观赏价值高,而且有很高的科学研究价值。

鹅管、石钟乳、石笋及石柱是逐渐沉积叠加而成的(图4-11)。

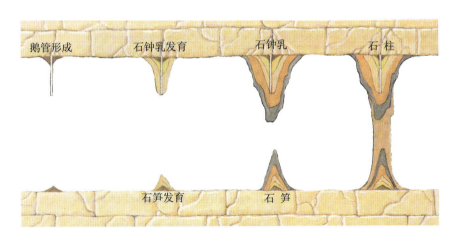

图4-11 滴水类洞穴化学沉积物形成示意图

五、石柱(林)形成演化过程

恩施腾龙洞大峡谷地质公园内的石柱(林)主要分布在恩施沐抚的前山和后山上。这是一种罕见的岩溶形态,以往在文献中未见过对此类喀斯特地貌形态的专门报道。

石柱与以"桂林山水"为代表的岩溶峰林地貌中的峰林平原有一定的区别,恩施腾龙洞大峡谷地质公园中石柱的基本形态为相对高度大于柱体直径,形态美学观感度高。

石柱和石柱林地貌景观的形成与多种有利的内、外营力共同作用有关。正是由于它们的综合作用,才形成了如此壮丽绝伦的景观。这些地质因素可归纳为两大类,即内部因素和外部因素。前者提供物质基础,是依据;后者提供加工动力,是条件。

1. 内部因素

地壳本身的地质作用,包括两个方面。

(1)岩石因素:岩层年代古老,致使岩石质地坚硬致密,单层岩层厚度大的灰岩。

(2)构造因素:岩层的产状十分和缓,近乎水平,区域性地质构造因素使岩层产生两组十分发育的直立节理。

2. 外部因素

指外营力的塑造地貌的作用,包括3个方面的作用过程。

(1)风化作用:包括化学溶蚀作用、机械(物理)及生物的风化作用。内力作用形成的灰岩中的节理和裂隙为大气降水提供了最初期的溶蚀通道,使裂隙不断加大加深,并为物理风化作用准备了继续作用的场所,冬季水沿岩石孔隙裂缝中结冰时,水变冰的膨胀力可使岩石胀裂,昼夜气温变化引起岩石冷缩热胀,长时期反复进行也可使岩石碎解易于脱落。与此同时,植物的根系插入岩石裂缝,植物生长过程中的膨胀力,既可使岩石胀裂,又可分泌出有机酸加速岩石的溶蚀过程。

(2)水蚀作用:主要是流水的冲刷和侵蚀。雨水降落时,可把岩石表面风化产物冲走。当雨水汇集成流水后将冲走更多的物理、生物风化物,大大拓宽了裂隙。

(3)重力作用:随着溶蚀、物理风化、生物作用和水流冲蚀作用的加强,岩石裂缝不断扩大,使一些岩块失稳。这样便会由于重力作用而使岩块坠落和崩塌,进一步增加了石柱的离立化。

大峡谷七星寨峰丛山体边缘、近水平状的薄层灰岩岩壁内部发育多组垂向节理裂隙。由于含CO_2的雨水和地表水将多组竖向节理溶蚀扩大,岩柱逐步与岩壁分离,加上所发生的重力崩塌作用,部分岩柱体保留了下来,最终形成了世界罕见的石柱式峰林景观(图4-12)。

恩施腾龙洞大峡谷地质公园内数以百计的奇丽石柱、石柱林,乃是风化作用、溶蚀作用、水蚀作用,加上重力作用等多种自然作用,在几十万年甚至更长的时间内对石灰岩长期精心雕刻塑造的结果。

  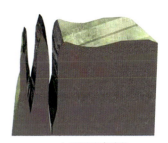

(a)节理裂隙阶段　　　　　(b)溶沟发育阶段　　　　　(c)石柱发育阶段

图4-12　恩施大峡谷石柱林演化模型示意图

核心地质景观的成景时期

一、清江伏流和腾龙洞洞穴系统的成景时期

清江伏流和腾龙洞洞穴系统是一个经过了很长时期发育而演变成熟的大型洞穴系统,有着复杂的演化过程,其中包括了河流的溶蚀侵蚀、大规模的崩塌和沉积充填作用。洞底沉积物的类型和分布以及洞穴的形态反映了河流的作用,说明上层旱洞大部分由更为古老的清江伏流所形成。洞穴系统的发育过程,也就是清江在本段的形成、演变过程,它是由地壳运动的特性所决定的。

早期喜马拉雅运动奠定了鄂西地貌的基本格局,裸露的碳酸盐岩开始发育岩溶。古近纪初地壳处于相对稳定时期,利川一带向夷平方向发展,柏杨—汪营—利川—团堡发育岩溶谷地、洼地、峰丘,形成二级岩溶台面,清江水系利川段雏形开始发育。有了初步的集水区和排泄区,流水由过去的片流为主转化为集中河道径流为主。长槽堰—水井槽—高岩—黑洞北侧一线的岩溶干谷,为古清江河道所在地。

新近纪末和第四纪初,本区受喜马拉雅运动影响,大面积抬升,流水下切侵蚀作用加强,发育地下岩溶,上述干谷抬升。至第四纪更新世,地壳处于延续时期稍长的稳定期,在上述柏杨—汪营—利川—团堡形成1000～1200m高程的岩溶台面,伴随地下岩溶的发育,出现了一个完整的北东东向迪道系统。清江沿腾龙洞口注入,转为伏流,于是今日的旱洞洞穴系统形成。随后地壳又处于上升阶段,使昔日清江伏流下切,腾龙洞抬升,逐渐脱离排水基准,腾龙洞成为旱洞。地壳再次处于稳定时期,第二期清江伏流——今日的水洞开始形成,清江改由"卧龙吞江"落水洞进入地下,在原洞道的北侧基本以一直线至黑洞重新变为伏流(图4-13、图4-14)。

腾龙洞穴系统的旱洞与水洞总的走向大致平行。从平面展布看,旱洞洞口(腾龙洞、白洞、毛家峡洞)呈"Y"字形位于水洞的南东侧,从垂向上看,整个洞穴系统分上(地表槽谷)、中(旱洞)、下(水洞)三层,主支洞相互连通,自成体系,构成一个规模巨大、形态各异、通风条件良好、洞内空气清新而独特完整的洞穴系统。当洪水季节来临时,清江伏流的水又会通过如银河洞、观彩峡明流、深潭洞、水井洞等一些天窗和落水洞涌出地表,在清江古河床(地表)泄洪(图4-15),洪水将地下的伏流通过天窗、落水洞与地表的古河床贯通。地表的古河床、腾龙洞旱洞和伏流的空间展布方向,在总体上,并行式的向东延伸。

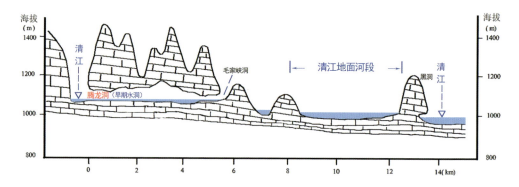

图4-13 腾龙洞早期水洞及清江地面河剖面示意图(据勘测资料编绘)

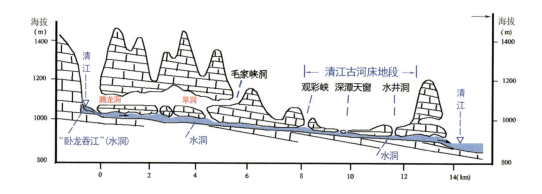

图4-14 腾龙洞旱洞、水洞及清江古河床剖面示意图(据勘测资料编绘)

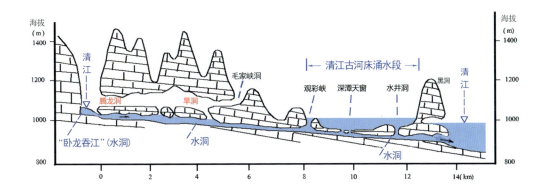

图4-15 腾龙洞旱洞、水洞及古河床涌水段剖面示意图(据勘测资料编绘)

腾龙洞洞穴系统发育在三叠系嘉陵江组和大冶组之间的过渡层位内。巨厚的嘉陵江组组成了金子山向斜的北西翼,沿北东60°方向展布;其北为小鱼皮背斜,在该背斜的几个次一级背斜中,大冶组成穹形隆起。腾龙洞洞穴系统正好处在上述向斜与背斜之间的翼部过渡带。该带岩层产状平缓,为140°~150°∠5°~12°,其中的纵张裂隙(走向40°~50°和75°~85°)决定主洞的发育方向,横张裂隙(走向335°~345°)决定支洞的发育方向。

二、恩施大峡谷成景时期分析

岩溶峡谷是岩溶山区普遍出现的一种地貌类型,除具谷深远大于谷宽的基本形态特征外,还在形态结构、水动力条件、传输方式以及空间地域结构上与非岩溶峡谷有所不同。恩施腾龙洞大峡谷地质公园内岩溶峡谷的形成和表现出的形态类型,与其形成的有利条件和发育过程密切相关。

一方面,由于本区近期地壳强烈上升,河流急剧下切,使清江河谷及其支流普遍表现为深切峡谷;另一方面,清江自发源地至河口,其间流经各种不同的地层岩性,不同的构造实体和地形地貌单元,受其影响,河谷形态变化复杂,在合适的条件下,特别是在岩溶化岩层分布区形成景观最为优美、雄伟壮观的大峡谷。

毛家峡是原先的洞穴通道,因洞穴顶板的崩塌而出露地表。观彩峡是地下河洞穴的顶板因崩塌而使地下河直接露出地表。两者的规模相对较小。而直接在清江及其支流这样的地表河中形成的朝东岩峡谷、云龙河峡谷、雪照河峡谷、见天峡谷则是体量非常巨大,无比壮观。

三、地质景观成景时期分析综述

欧洲和美洲北部岩溶区在第四纪(最近200万年)时期大多遭受过末次冰期大陆冰盖的刨蚀,古老的岩溶形态全部被破坏而没能保存下来。典型的例子是英国中部约克郡出露有大片石炭纪灰岩,但地表只见到溶沟、溶痕、浅碟形洼地,这些岩溶形态是在最后一次冰期以后,即1万多年以来发育起来的。而恩施在第四纪期间,虽然古气候有过冷暖交替,但未曾受到第四纪大冰盖的作用,所以新近纪以来(甚至更古老)所形成的岩溶形态都得以完好保存。

相当长的发育与演化时间,地表和地下岩溶的长期协同作用,加上第四纪时的新构造抬升,使得巨大规模的洞穴、完好的地表干谷、穿洞群、岩溶峡谷等岩溶地质遗迹的体量发育得更为巨大,形态发育得愈加完美。

腾龙洞大峡谷喀斯特地貌和洞穴是在地质内、外营力相互作用下,在有利的地质地理条件相互配合下,在漫长的地质时期中逐渐形成、发育、演化而成。

从地貌发育的动力均衡观点出发,只要可溶岩的厚度足够,而洼地底部尚未达到潜流带位置,这种垂向侵蚀、溶蚀的过程就会继续进行,地质公园的地貌格局大多在此时期形成。

第四纪初,云贵高原继续隆升,河流下切更深,较早时期形成的洞穴随之上升成为高层洞穴,一些地下河洞穴上升后由于洞顶崩塌,形成穿洞,或在上层洞与下层洞之间形成竖井,或地下河洞顶快速崩塌,形成地下河天窗和天坑,使岩溶形态类型不断增加,景观更为丰富多彩。在洞穴中沉积多种多样的化学沉积形态,构成优美的洞穴景观,尤以高层洞穴玉龙洞景观最为优美。

特别应当指出的是,在第四纪(约200万年)的地质时期中,由于地表河流下切速度与地下河(腾龙洞)溶蚀、侵蚀速度达到完美的均衡协调,使地下河廊道的加深与地表河的下切亦步亦趋,从而产生了世界最巨大洞穴廊道之一的腾龙洞,成为难得的世界级地质遗迹。

综上所述,湖北恩施腾龙洞大峡谷地质公园的洞穴系统和喀斯特地貌主要是在新近纪至第四纪时期持续发展而成。正是在这漫长的地质时期中,区内岩溶景观强烈而持续发育,从而呈现出现今的类型众多,形态典型,相互配套,美学观赏价值很高的洞穴、伏流、峡谷、石柱林、天坑、峰丛洼地等多种景观。

第五章
公园价值几许

DI WU ZHANG
GONGYUAN JIAZHI JIXU

地质遗迹价值评价

一、科学研究价值

(一)典型性、稀有性和完整性

在地质遗迹的自然属性中,典型性和稀有性是最为重要的属性。湖北恩施腾龙洞大峡谷地质公园有许多地质遗迹是具有世界意义的地质遗迹:组成完整和典型的洞穴系统、罕见的巨大规模的洞穴廊道、雄伟壮观的峡谷、世界上极为罕见的岩溶石柱林、以群体方式出现的穿洞、保存完好的岩溶干谷等。

1. 清江伏流及洞穴

清江伏流及完整的洞穴系统是湖北恩施腾龙洞大峡谷地质公园最为重要、最有意义、最有价值的地质遗迹,具有地质遗迹的珍稀性,在世界上也占有极为重要的地位。

地质公园内清江伏流及腾龙洞洞穴系统由规模极大的长达36km的腾龙洞旱洞、长度超过16.8km的水洞(清江伏流)、地表近10km长的早期古河道(现今的岩溶干谷)以及众多的分布在不同高程的洞穴和干谷共同组成。整个系统保存状况十分完好,在中国科学院袁道先院士(1988)主编的《岩溶学词典》一书中对伏流(swallet steam)的定义就是以利川清江伏流为范例的。同时清江伏流也是中国最大的伏流和世界最大的伏流之一,为世界上难得一见的洞穴系统的典型代表。

落水洞是岩溶区特有的一种地貌水文现象,但绝大多数的落水洞都是规模较小或是分散地向地下渗入。清江伏流是整条河流在一个洞口集中地瀑布式的倾泻入地下,被形象地称为"卧龙吞江",成为世界上最为壮观的河流落水洞,为大自然创造的一大奇观。

洞穴廊道规模巨大是地质公园内洞穴的显著特点,不仅腾龙洞洞道规模大,而且水洞的规模也普遍高大宽阔。腾龙洞洞口高74m、宽64m,为世界第三大的洞口。洞穴廊道的宽度一般皆在40m以上,高度也普遍在50m以上,而且长度巨大,属世界级大洞道。

湖北恩施腾龙洞大峡谷地质公园内已被探测和测绘的洞穴长度达59.8km,加上未被探测但可以推测的洞道至少可超过65km,可进入世界最长洞穴行列之中。因此,腾龙洞洞穴系统规模极大,属世界级大洞之一。

洞穴中崩塌堆积物数量特别多,有数座由崩塌堆积物形成的洞内"山体",高度在100m以上,规模之大,在国内居首位,世界上也属罕见。

2. 穿洞群

腾龙洞的毛家峡支洞出口处峡谷段中连续出现规模甚大、景观优美的穿洞群(图5-1、图5-2),3座穿洞互相连通,是十分罕见的,具有很高的科学、观赏和旅游价值的珍贵而稀有的地质遗迹。

湖北恩施腾龙洞大峡谷国家地质公园3座连续出现的穿洞形态比较典型,完全符合穿洞这一科学概念的内涵和外延。根据《岩溶学辞典》,穿洞(light through cave)的定义是:抬升脱离地下水水位的或大部分已脱离地下水水位的地下河、地下廊道,伏流或洞穴,其两端呈开口状,并透光者。3个穿洞的长度分别为231m、266m和182m,高度多在30m左右,宽度一般为35m,只有一龙门规模稍小一些。3座天生桥沿谷地连续分布。3座穿洞相继出现,使人多次产生出"山重水复疑无路,柳暗花明又一村"的美妙体验。

3个穿洞之间分别为溶蚀洼地和漏斗。二龙门和三龙门间的漏斗直径为78m,深50～100m,也可以称为小型天坑,属崩塌成因。在1km范围内既有3个穿洞,又有小型天坑和溶蚀洼地相伴出现,虽然同属喀斯特地貌,但又各有特色,充分体现了大自然的多姿多彩。

图5-1 "三龙门"穿洞群空间分布卫星图

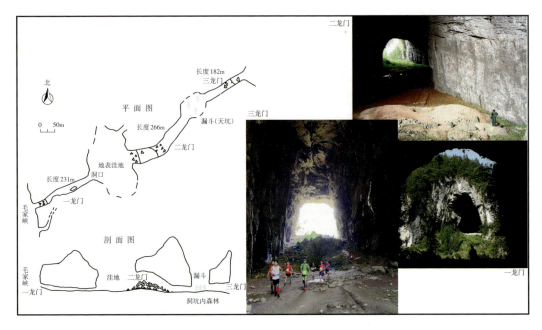

图5-2 "三龙门"穿洞群平面分布及影像图

(二)自然性

湖北恩施腾龙洞大峡谷地质公园内的主要地质遗迹：世界级规模的洞穴廊道、世界最壮观的落水洞、气势恢弘的恩施大峡谷、群体出现的形态优美的岩溶石柱林、穿洞群、多种多样的岩溶谷地(延续很长的干谷、盲谷和袋状谷、巨大的岩溶峡谷)都是较完好地保持自然状态，基本未受到人工干扰破坏的地质遗迹。从遗迹本身的物质组成看，都是发育在由古老而坚硬的碳酸盐岩地层中，这些地层成岩程度高，抗压性强，产状平缓为其保持自然状态提供了有利的物质条件。

在地质遗迹分布区的最核心部分，居民极少。洞穴数量多，其中有的洞穴化学沉积物十分精美。

总体上，地质公园内的地质遗迹基本保持完好的自然状态，未受到人为的干扰破坏，地质遗迹本身抗自然风化能力较强，只要注意加以保护，这些地质遗迹完全可以在很长的一个时期为当今人类及其子孙后代服务。

湖北恩施腾龙洞大峡谷国家地质公园洞穴规模巨大，洞穴系统组成典型而完整，数量众多,给洞穴学和岩溶学提出了一系列有意义的研究课题:在北纬30°20′地带上出现如此巨大的洞道,其形成机理、条件和演化规律都值得深入研究,因为类似的大洞道在国外现今只出现在赤道附近低纬度地区,如马来西亚的鹿洞出现于北纬5°,年降水2000~7000mm,那里溶蚀作用非常强烈,而世界上另一个有着多个天坑和巨大地下河洞穴的地方是巴布亚新几内亚的新不列颠岛,位于南纬5°,年降水量从海岸的6000mm到山地的12 000mm,岩溶剥蚀速率达到世界纪录,为400m³/km²·a。这两个地方都为热带雨林所覆盖。我国的大洞穴廊道出现的另外一个地点是广西凤山世界地质公园,位于北纬24°30′左右,现今年平均降水量只有1550mm左右,而腾龙洞比其出现纬度更高、降水量更少,但洞穴规模与之相当。因此,对利川大洞穴的研究不仅有重要的洞穴发育方面的科学意义,还对环境变化和全球洞穴对比研究有重要意义。

腾龙洞洞穴系统由长堰槽干谷、腾龙洞旱洞和清江伏流水洞等共同构成一个有序的洞穴 – 水文地质系统,它们之间既有空间上的分布规律,又有时间上的先后生成和发展的序列可以追寻,是一处极好的岩溶洞穴和岩溶水文地质研究的天然实验场所,对于揭示岩溶地表水流的变迁与地下河洞穴洞道发育的关系、地下形态与地表形态的相互转化、恩施盆地下降与洞穴系统、峡谷形成的关系等都是很有意义的重要研究课题。腾龙洞的巨大廊道也为确定地壳变动速率和岩溶水系统变化之间的关系提供了最好的研究基地。

恩施大峡谷及较小的其他种类峡谷,虽然有其共同的原因,但不同的峡谷有其独特的发育条件和发育历史。特别是在七星寨景区以百尺峡谷为代表的高位"化石"峡谷,研究其发育过程有重要的意义,这些峡谷发育方向与区域性节理方向相一致,但引人深思的是为什么它们在数千米长度内都保持直线形的延伸状态,形成这种地质遗迹的机理和控制条件等都是很有意义、值得深入研究的课题。

在进行湖北恩施腾龙洞大峡谷国家地质公园地质遗迹调查过程中,发现了有别于岩溶峰林平原中石峰的另一类岩溶形态——岩溶石柱和石柱林,它们大面积出现在清江峡谷两岸,石柱林集中出现在海拔1500m以上的岩溶区。石柱的基本特征是石峰高度大于石峰直径,而且其绝对大小(石峰直径)也远较峰林平原中的石峰要小,这样的石柱以前只在一些岩溶区中零星出现,所以未能引起足够的注意,而在湖北恩施腾龙洞大峡谷地质公园中这样的地貌形态数量众多,造型非常优美,对其分布规律、形态的量计分析、成因和形成条件的研究有重要的科学意义。

二、美学价值

湖北恩施腾龙洞大峡谷国家地质公园的美学价值主要表现在纯自然的形式美。形式美是由大自然各种形式因素及其有规律的组合所具有的美。

  地质公园内洞穴的最突出点是具有极其恢宏的空间规模。腾龙洞洞道,一般宽50m左右,最大洞道的高度在186m以上,大洞道延续长达2km,洞内崩塌物堆积高度在百米以上,最高的是妖雾山,堆积体高出洞口底板125m,按有关文献提供的数据(董炳维,1987),妖雾山处总高度达235m,妖雾山底宽174m,组成的块石的直径从十几厘米到数米,最大的可达10~20m,这一切都是常人难以想象的壮观,给人以极大的震撼。即使在地表,这样的景象也会给人耸入云霄之感,何况在充满神秘感的黑暗地下,"雄""奇"是湖北恩施腾龙洞大峡谷地质公园中洞穴给人的第一个强烈的感受。

  洞穴的洞道、厅堂不仅体量巨大,而且高大的洞道曲折幽深,仅腾龙洞巨大的通道就在万籁俱寂的无边的黑暗中绵延几十千米,"旷""幽"之感体现得淋漓尽致。

  琳琅满目、形态万千的洞穴化学沉积物将洞穴的空间装饰得美不胜收,在已开放的玉龙洞中数以千计形态各异的大小石笋和鹅管让人惊叹大自然造化之神奇。在腾龙洞众多的尚未被探查的洞穴中很可能还有更好的稀世珍品有待进一步去发现。

  毛家峡延伸部分的3座穿洞分布在古老的地下河洞穴故道上,加上邻近的观彩峡和洞口处的生物岩溶景观,秀丽、幽雅跃然而出,大自然的色彩美令人赏心悦目,独特的土家寨更增野逸之趣。

  地质公园有多个峡谷,峡谷形态典型,切割深度近千米,陡崖绵延数千米,静态的奇峰陡崖与动态的江水、瀑布及生物景观有机结合,成为峡谷中的佼佼者。见天峡谷的体量大小适度,视觉效果好,使美丽的大自然景色尽收眼底;云龙河峡谷镶嵌在宽阔的次一级岩溶剥蚀面上,从空中俯瞰,颇似地缝式峡谷。同时,峡谷两岸的谷坡和分水地带,有着千姿百态的石柱和石柱林、层状分布且连续延展数千米的绝壁悬崖、缓急自如的江流、飞泻的泉瀑、多彩的植被森林和鸟兽鱼虫的出没无常构成和谐的生态环境,展现着大自然的美丽和勃勃生机。

三、科普价值

  地质公园区域以中低山山地为主,总的地势是东北高而西南低,中部较为平坦,四周群山重叠,河谷深切,峡谷众多。最高点位于恩施大山顶的石门子,海拔高度达2078m,最低点位于西南部与重庆交界处的青龙咀黄河坝附近,海拔约60m,一般超过800m。恩施州水力资源丰富。清江发源于利川市汪营镇龙洞沟,贯穿利川市中部盆地,是湖北省境内长江第二大支流,清江流经利川市境内,在利川干流总长92.2km,流经恩施境内干流总长127km,经过恩施、长阳后,在宜都市汇入长江。清江流经地质公园园区河段(包括明流、伏流在内)总长在48km以上。在地质公园范围内,地表水除清江干流外,还有泉水、湖泊和瀑布等多种类型。地质公园内地下水资源丰富,以岩溶水最为重要。清江以明流、伏流地表峡谷等多种形式出现。

地质公园大地构造位置位于扬子地块的中部,上扬子地块和中扬子地块的交界处,属川鄂湘黔隆褶带北缘的一部分。地质上称之为新华夏系第三隆起带,武陵、雪峰隆起的北端。区内古生代以来的沉积岩广泛分布,主要出露地层为三叠系和二叠系。腾龙洞、大峡谷发育于下三叠统嘉陵江组下部石灰岩、白云质石灰岩和下三叠统大冶组石灰岩中,地壳运动和清江水的溶蚀、侵蚀作用成为腾龙洞及大峡谷形成的基本条件。

腾龙洞、云龙河地缝峡谷与七星寨石柱林等景区已建成国家级AAAAA景区,交通、步道及旅游设施等完备,极易开展科学普及活动。在地质公园规划中加入地学科普知识的导入,在开展旅游活动的过程中就能达到科学知识普及的目的。

四、地学旅游价值

1. 旅游观赏价值

2005年10月,由颇具权威的《中国国家地理》所作的"选美中国"的评选中,腾龙洞进入"中国六大最美洞穴"的第四名,这是对腾龙洞美学观赏价值的肯定和褒奖。中国洞穴数以万计,已对公众开放的旅游洞穴也在500个以上,要在成千上万的洞穴中脱颖而出,实属不易。

我国现今已进入国家地质公园名录的、与洞穴有关的国家地质公园中,它们虽各有特点,但从洞穴通道的空间容积规模来看,皆远不及利川腾龙洞。还有蔚为壮观的清江伏流、雄奇的大峡谷、石柱式峰林、河流落水洞、极为罕见的穿洞群等,它们共同构成这一世界级地质旅游资源的壮观景象。

2. 旅游探险价值

恩施腾龙洞大峡谷地质公园高海拔岩溶峰丛山区存在着一个庞大而复杂的地下河系统,它和周边的溶洞至今仍披着神秘的面纱,是进行洞穴和地下河探险的最佳地区之一。公园内分布的众多悬崖峭壁,也是进行攀岩探险和野外生存训练的好场所。

3. 地质遗迹的其他旅游价值

恩施腾龙洞大峡谷地质公园众多地质遗迹的巨大体量、奇异优美的景观风格、地上地下立体交叉分布格局,是理想的影视拍摄、特种体育活动的场所。地质公园内的许多遗迹都具有独特的知识性,通过旅游观光,引导中小学生和广大民众认识公园地质遗迹的演化历史与发育过程,对普及地学知识、加强环保教育、爱护地球、保护生态环境等具有重要意义和作用。

4. 对提供高品位的科学观光游览、促进当地经济发展的意义重大

恩施腾龙洞大峡谷地质公园内的主要地质遗迹,不仅世界稀有,同时规模宏大、类型多样,使其具有极高的观赏价值,为发展旅游观光提供了得天独厚的有利条件。地质公园内诸多景观本身具有很深刻的科学内涵,因此通过对地质公园的观光游览,会使游人受到生动的科学启迪,获得一定的科学知识。对腾龙洞景区和龙门景区、峡谷景区等景点的开发,还会对地方产业结构的调整、人们思想意识的转变产生重大影响,大大提高当地人民对环境和资源保护的自觉性,取得良好的经济效益、社会效益和环境效益。另外,地质公园内的高浓度负离子空气资源也将成为地质公园的有机组成部分,大大增加了地质公园的旅游开发价值,在人类回归自然、修养身心、休闲度假等方面有着重要的不可替代的作用。

湖北恩施腾龙洞大峡谷国家地质公园内的地质奇观必然会引起游人探索大自然奥秘的兴趣和愿望,通过建立陈列馆、展览室,地质公园将成为天然的科学知识普及的基地,成为引导人们走进大自然、探索大自然的最好的天然课堂。

地质遗迹比较与等级划分

一、地质遗迹类比

恩施腾龙洞大峡谷国家地质公园与国内、外其他同类型的地质公园相比较具有以下的特点。

(一)洞穴

洞穴是岩溶地区特有的一种地质遗迹,在岩溶区广为分布。其他岩石(主要是火成岩和砂岩)中出现的洞穴数量上、规模上和美学观赏价值上都远小于岩溶洞穴。世界上已对公众开放的数以千计的游览洞穴绝大多数都是岩溶洞穴。

全世界洞穴数以几十万计,我国至少也有十几万个洞穴。洞穴本身就是一个空间而并非实体,在这个空间的边壁"镌刻"有各种溶蚀形态,是记录洞穴形成、发展历史的"无字天书";洞穴周壁所包围的空间中有着多种堆积形态,最重要的是洞穴次生化学沉积物和崩塌堆积物及由洞外带入的河流冲积物。对洞穴的描述,主要是规模大小和堆积物的美学价值。洞穴规模是指对洞穴空间的大小,通常用长度、(垂直)深度、高度、宽度、面积、容积等参数来表述,有时也用上述某些数据的互相间的比例数值来突出洞穴的某些形态特征。

1. 洞穴廊道空间的规模宏大

就洞穴的廊道空间规模而言,与我国和世界上最著名的洞穴相比,利川腾龙洞洞穴在国内和世界上都占有非常重要的一席之地。首先,在洞道的规模上,特别是水平洞穴廊道的规模上雄居世界最大洞穴之列,仅以腾龙洞旱洞来说,就有长达10km以上巨大洞穴廊道。腾龙洞洞口高72m,宽度为64m,在世界上,如此巨大的洞口甚至为少见,按英文网站www.showcaves.com/资料,腾龙洞洞口的规模位居世界第三,仅次于巴西岩屋洞和马来西亚的鹿洞。从腾龙洞洞口向内的1800m范围内,洞穴廊道的宽度一般为50~60m,最宽处达89m,洞道高度一般在60m以上,最高处位于距洞口960m处,洞穴廊道的最大高度达186m,此处洞底并未见基岩,也未见流石板,而是大量的机械堆积物,组成物为砂、黏土和崩塌岩块,说明我们今日见到的洞底并非真正的原始洞穴底板。

我国与洞穴有关的、现今已进入国家地质公园系列的有北京石花洞、福建宁化天鹅洞、贵州织金洞群、贵州绥阳双河洞、广东阳春凌霄岩、广西乐业大石围天坑群、贵州兴义、四川兴文石海洞乡、重庆武隆岩溶、江苏太湖西山、云南石林和湖南张家界砂岩峰林等,它们皆有岩溶洞穴地质遗迹。这些洞穴各有特点,但从洞穴通道的旅游空间上看,均远不及腾龙洞。

从世界范围看,在世界自然遗产和文化遗产名录中,以岩溶洞穴为遗产主体的最重要的自然遗产地有马来西来古那穆鲁(Gunung Mulu)国家公园、美国的卡尔斯巴德洞穴(Carlsbad Caverns)国家公园和猛犸洞(Mammoth Cave)国家公园、匈牙利和斯洛伐克岩溶洞穴群、斯洛文尼亚的斯科契扬洞穴等遗产地。文化遗产地中与洞穴有关的9处,如我国的北京周口店洞穴遗址;法国Vezere谷地内有147个史前和旧石器时代考古点,有25个有洞穴壁画的洞穴,以拉斯考克斯(Lascaux Cave)最为重要;西班牙的阿尔泰木拉洞也以其精美的洞穴壁画享誉世界。

就洞穴规模而言,世界自然遗产地中以斯洛文尼亚的斯科契扬洞穴和马来西亚古那穆鲁(Gunung Mulu)国家公园内的洞穴最重要、最为壮观。斯科契扬洞长5800m,位于著名的喀斯特台地的东南面,雷卡河经由两个天坑流入洞口,进口峡谷状洞道宽20~30m,高

30～110m,洞道长为1km的Hamke's廊道,廊道呈峡谷状,宽10～15m,高95m。斯科契扬洞内有一个马特尔大厅(Martel's Chamber),长308m,宽123m,全洞最高部分达到143m。1986年被列为世界自然遗产地。

截止到目前,腾龙洞旱洞的实测洞道长度已达36km,但其洞穴廊道的规模更为引人注目,为表征洞穴通道空间的平均大小,可以采用容积比(specific volume,洞穴容积/长度)来进行洞穴通道规模之间的比较,腾龙洞旱洞从洞口向内的1800m长的洞穴廊道,平均宽57.5m,高68.5m,洞底面积$1.04×10^5m^2$,空间容积$7.1×10^6m^3$,由此得出单位洞道长度的洞穴容积值V/L为394.15m^3/km。这一比值在国际上虽已有应用,但进行过这一数值计算并发表了成果的文章尚未见到。根据斯洛文尼亚斯科契扬洞穴(世界自然遗产地)的断面数据,计算出该洞中著名的巨大的Hankejev峡谷状通道的这一数值为$2×10^6m^3$/km,此洞穴长1km,最宽处55m,最大高度98m。该洞中的Mariniheva洞段的这一数值为$1.05×10^6m^3$/km,该洞段长200m。以我国目前已取得的洞穴容积数值进行比较,腾龙洞的这一数值远远超过其他洞道,说明腾龙洞洞道的规模是十分巨大的,居世界级规模大型洞穴之列。

2. 洞穴系统总洞道长度在国内位居前列

湖北恩施腾龙洞大峡谷地质公园洞穴数量众多,但互相可以连通的腾龙洞旱洞和地下河水洞(一般称清江伏流)最为重要,最受关注。我们这里只讨论这两组(旱洞和水洞)洞穴所构成的腾龙洞洞穴系统。

腾龙洞洞穴系统中的旱洞和水洞已实测的洞穴通道总长度达到59.8km,其中水洞(伏流)长度为16.8km。这一数据只反映实测通道的长度,而在腾龙洞洞穴系统中未曾探明和尚未予以调查的洞道至少还有好几千米。若加上虽未实测但存在洞穴通道的推测洞道,估计的总长度将超过80km,若加上玉龙洞外围洞穴,总长还会继续增加。世界上长度超过60km的洞穴有27个,其中真正长度超过100km洞穴的也只有13个。腾龙洞的实测洞穴通道总长现今在国内排名第三,进一步实测之后,完全有可能跻身于世界最长洞穴行列之中。

(二)世界上最为壮观的河流落水洞或清江伏流

落水洞是岩溶区特有的一种地貌水文现象,当地壳变动发生并引起侵蚀基准面发生变化时,水流总是倾向于选择最有利的运动路径,于是许多流经岩溶区的河流便会在有利的地质构造地点和水力条件合适的地方重新开辟新的地下流动路径。这样在地表便出现河水从地表河谷中流入地下的景观,但绝大多数的落水洞都是规模较小或是分散地向地下渗入,这样的落水洞在长堰槽干谷中分布十分普遍。而像清江这样整条河流在一个地方集中地瀑布式的倾泄入地下还是极为少见,伏流在我国也有不少,但规模上远不及清江伏流如此壮观,所以被称为"卧龙吞江",名副其实,为大自然创造的一大奇观。

清江在利川市腾龙洞上游的集水面积为389km²,多年平均流量为17.6m³/s,最小流量为0.53m³/s,最大洪峰流量可达到100m³/s以上。当如此巨大的水流轰然流入落水洞之时,其景象之宏伟,是其他落水洞所望尘莫及的。从现有资料看,腾龙洞水洞口的"卧龙吞江"落水洞是世界上极为罕见的巨型岩溶落水洞。

(三)地质公园内的石柱林是首次被发现的新的重要岩溶形态类型

湖北恩施腾龙洞大峡谷国家地质公园内的石柱(林)主要分布在七星寨景区、云龙河峡谷和清江恩施段。这是一种罕见的岩溶形态,以往在文献中未见过对此类地貌形态的专门报道。石柱与以"桂林山水"为代表的岩溶峰林地貌中的峰林平原有一定的区别,峰林平原中的石峰从平坦或略微波状起伏的平原面上拔地而起,相对于石柱而言,其个体往往较大,对桂林城区及其附近的220座石峰的形态量计数据表明,石峰的平均直径为208m,有近半数直径为100~200m,而平均相对高度为74m,直径远大于峰体高度。而湖北恩施腾龙洞大峡谷国家地质公园中石柱的基本形态是相对高度大于柱体直径,形态美学观感度高。石柱在岩溶区也有存在,但多是以个体石柱出现,如四川兴文小岩湾的迎宾石。从全国范围看,石柱主要出现在西部省份长江三峡及周边地区,如在与恩施相邻的五峰柴埠溪峡谷中也见有石柱,但其数量和形态的典型性皆不如湖北恩施腾龙洞大峡谷国家地质公园内的石柱和石柱林。

(四)岩溶峡谷雄伟、景观优美、类型多样

一般来说,在裸露的灰岩大面积分布区,很难有较大的、长年有水的地表河,因为雨水很快地沿着岩石的各种裂隙渗入地下。但在湖北恩施腾龙洞大峡谷国家地质公园内的清江岩溶峡谷段水量十分丰富,原因在于清江流域面积较大且为降水十分丰富的地区,较大的流量、下游的相对大幅度下降使清江有着巨大的侵蚀能力和溶蚀能力,从而造就了峡谷陡峭的谷坡和巨大的深度。

峡谷是一常用的地貌术语,但并没有较为严格的定义,一般的理解是指谷坡陡峻、深度大于宽度的山谷。它通常发育在构造运动抬升和谷坡由坚硬岩石组成的地段,当地面抬升速度与下切作用协调时,最易形成峡谷。岩溶峡谷的形成与来自非岩溶区的外源水关系极为密切。Grund在1903年最早使用Kalkklamm术语来表征具有陡峭边壁的灰岩(岩溶)峡谷(Limestone Gorge)。

虽然峡谷的形成离不开地表水流的作用，但现存的峡谷的底部可以有水，也可以没有水，主要是看谷地的形态特征。

峡谷虽然可以在多种岩石中出现，但我国和世界上大多数最出名的峡谷皆出现在岩溶区，这与碳酸盐岩的物理、化学性质有关。在碳酸盐岩分布区，由于裂隙和节理是水流集中、侵蚀力强且溶蚀作用加速进行的部位，所以非常容易形成峡谷。长江金沙江和三峡河段是岩溶峡谷十分发育的河段，在这两个河段内，凡长江流经灰岩分布区时，就形成峡谷，而当流至非可溶岩分布区时，即成宽谷。

按峡谷和岩溶峡谷形态的差异，又常进行更细的划分，其中嶂谷是较为常见的一个次级类型。嶂谷是指谷坡陡直、深度远大于宽度的峡谷。一般出现在灰岩、玄武岩等垂直节理发育的山区，由于构造上升，岩石的物理性质有利于河流的下切，同时抗风化、抗冲刷能力极强，谷坡难以剥蚀后退，故形成比一般峡谷更深、窄的河谷。在恩施腾龙洞大峡谷国家地质公园内，嶂谷发育十分典型，云龙河峡谷是现今河流仍在作用、处于进一步发育之中的嶂谷；而毛家峡峡谷则是地下河伏流洞穴顶板塌落而形成的嶂谷，另外在七星寨景区的某些地势高处，有残留的更早期峡谷的遗迹，年代更久远。

地缝式峡谷是一个在岩溶学和地貌学中未曾被正式使用过的术语，和天坑一样，它也是出自奉节县天坑地缝风景名胜区。杨明德曾使用过"隙谷"，国外文献中出现过"slot canyon"，可能与之类似。 表示深度远远大于谷地宽度的特殊类型的峡谷。对"slot canyon（裂缝状峡谷）"该文作者认为应是深／宽比大于3:1。从我国情况看，对于地缝式峡谷，除了深／宽比至少应在10:1以上外，还应当对谷底和谷顶的宽度有所限制，如谷底宽几米至10余米，谷顶宽度一般不超过30m。

我国和世界上许多最著名的峡谷都是岩溶峡谷。为便于叙述，按照河流体量的大小，粗略地将岩溶峡谷大、中、小予以简要述说。

大型峡谷如世界著名的中国长江金沙江段的虎跳峡、三峡和美国的科罗拉多大峡谷。虎跳峡在云南丽江纳西族自治县石鼓东北约50km处，峡长15km，坡降196m。峡谷段的地层主要是泥盆纪和石炭纪大雪山灰岩，灰岩多已大理石化。江底海拔高程1700m左右，两岸高山夹峙，峭壁耸立，分别为玉龙雪山和哈巴雪山，最高峰皆在海拔5000m以上，峡谷切割深度在3000m以上。江面宽度一般30~60m。

黄河上也有多段岩溶峡谷，其中比较长的是万家寨峡谷，从内蒙古自治区清水河县喇嘛湾至山西省河曲县的楼子营，绵延98km而无间断，河水深切灰岩，两岸直立岩壁高出水面100~200m，水面仅宽百余米。

科罗拉多大峡谷被誉为世界七大自然奇观之一，大峡谷下部的岩层中有大量碳酸盐岩地层,主要是灰岩和白云岩,形成壮观的陡壁。

中型岩溶峡谷更是不胜枚举,如贵州省的猫跳河、马岭河、六冲河干流的瓜冲河段,广西壮族自治区的桂林漓江峡谷段、靖西市通灵峡谷等最具代表性。我国北方也有很多岩溶峡谷,如北京市延庆区的龙庆峡即为典型的岩溶峡谷。作为台湾省风景名胜之首的太鲁阁峡谷亦为岩溶峡谷,大理岩是构成该峡谷的主要地层,切割最深、最为壮观的峡谷段就出现在这一地层发育的部位。我国很多岩溶峡谷都已被开发成为游览河段。这类峡谷多半位于较大河流的上游,谷底一般有水流,宽度在100余米,峡谷切割深度为200～300m。

国外的中小型岩溶峡谷很多,欧洲岩溶峡谷以法国高斯(Causses)高原最为著名,来自非岩溶区的外源河切穿高原从而形成峡谷,Tarn峡谷在Ste-Enimie处,宽2km,深为300m,两壁为悬崖。其他峡谷有:比利时的Lesse峡谷,原捷克斯洛伐克中部Moravia的Punkva峡谷,法国的Verdon、Jonte、Dourbie、Lot等峡谷,法国和瑞士交界处汝拉(又称侏罗Jura)山的Bienne峡谷,黎巴嫩的Litany峡谷,英国的Gordale Scar、Dove和Manifold峡谷,斯洛文尼亚的Rak峡谷,希腊的Viscos和Grand峡谷,牙买加的Rio Cobre峡谷,澳大利亚的Bungonia、Winjana、Galeru和西北部Fitzroy河上的Geikie峡谷,新西兰的Oparara峡谷,巴布新几内亚的Strickland峡谷,英属洪都拉斯的伯利兹南部Sibun河上的峡谷,波多尼各的Rio Grande de Arecibo和Rio Grande Manati峡谷等。由于峡谷线状延伸,形态多变,比之洞穴和天坑,更难以用少量特征数据予以描述,所以在一般文献中,几乎都未列出较为确切的数据,因此,从具体数值上对峡谷进行对比甚为困难。

岩溶地缝式峡谷,当以奉节小寨天坑附近的大井峡地缝最为有名。奉节天井峡地地缝全长6162m,谷底高程从1172m(南端入口)降至854m(地缝北末端),坡降51.6‰,谷底宽1～15m,垂直深度80～229m。另一地缝式峡谷为北京市门头沟被誉称为"燕京小三峡"的龙门涧,该处广泛发育元古宇蓟县系雾迷山组厚层白云质灰岩和白云岩,另有奥陶纪灰岩出露。龙门涧中的乌龙峡(被称为"一线天")为地缝式峡谷,它是沿北东向节理发育,长约1000m,宽度为数米至10余米,两壁陡崖高可达200余米。

峡谷之间虽不易进行详细而具体的类比,但峡谷的定性评价仍具有一定意义。恩施大峡谷分布面积大,峡谷体量有大有小,大者是清江干流上的峡谷,小者见之支流,类型多种多样,有的有水流活动,有的已成"化石"峡谷,垂直空间上呈立体分布,高者在海拔1700m以上,低者仅数百米,沿清江河谷至分水岭皆有出现。本地质公园内峡谷的特点一是视觉效果好,使美丽的大自然景色能尽收眼底,这样它们的观赏价值便充分地转化成游人美好的旅游体验,达到休闲度假、回归大自然的目的;二是峡谷内静态的奇峰异石与动态的生物景观有机结合,正值森林鸟兽鱼虫、花草色彩的季节变换,构成清江最有生气、不可或缺的部分,充分地让人们领略到大自然的勃勃生机,从而奠定了生态旅游和旅游业持续发展的基础。

(五)罕见的穿洞群

穿洞和天生桥这些岩溶形态名词虽然已获得普遍使用,但对它们的理解并不完全一致。实际应用时也出现有一定的混乱,例如长达数百米的地下伏流洞穴也常被称为天生桥,而更为难以明确区分的是穿洞和天生桥。

穿洞和天生桥都是在岩溶化岩石中形成的、常见的地貌形态,两者在成因上都是与河流(地下河、伏流)的水流的侵蚀、溶蚀作用密切相关,特别在其形成的初期,水流侵蚀作用特别重要。流经其内的河流(地下河)的水流路径变化之后,洞顶部分崩塌,而保留有洞顶的洞穴通道便成为天生桥或穿洞,为了将岩溶天生桥和穿洞(伏流)作进一步的区别,澳大利亚喀斯特地貌学家Jennings 1985年在其《喀斯特地貌学》(*Karst Geomorphology*)专著中,认为以阳光是否能到达整个通道为标准来予以区分,他提出的天生桥下部的洞穴通道长度的极限值为180m。在我国更为重视的是天生桥应在视觉上有类似于"人工桥"的形状,"桥"下最好是现代(或古代已废弃)河床,而穿洞主要指两端洞口通透的洞穴。可见,穿洞和天生桥的共同点在形态上是两端皆有洞口,为穿透性洞穴,在成因上都与地下河(现代和古代)的活动息息相关。我们赋予天生桥和穿洞的属性为:通道空间较大,人可顺利通过,两者间一般以长度是否超过180m来予以区分;伏流则为有现代水流活动的洞穴通道,不借助潜水装备人有可能无法通行的洞道,其长度一般远大于180m。

恩施腾龙洞大峡谷地质公园的穿洞不仅规模大,而且在1km范围内在一个谷地内连续分布3个穿洞,实为珍贵的地质遗迹。

(六)形态典型、保存完好的岩溶干谷

长堰槽干谷可分为3段,总长约9700m。第一段从起点至银河洞,长6250m;第二段自银河洞至深潭洞,长为1450m;第三段从深潭洞至黑洞,长2000m。整体上长堰槽干谷在地质历史上曾长期作为古清江的河谷,在腾龙洞形成后,其基本丧失作为地表河的功能,现今除银河洞至深潭洞一段在洪水期有一定的泄洪功能外,上、下两段皆为真正意义上的古河道。因此,与上、下两段相比,干谷中段不仅谷底位置较低而且谷底宽度也较窄,原因在于它仍在继续受水流作用的影响。像长堰槽这样的干谷在我国北方出现较多,但那里没有与之配套的旱洞水洞组成的洞穴系统,而我国南方,地下有洞穴系统存在,但地表的干谷往往保存不多且不完整,多数已难以辨识或形态已很不完整。像湖北恩施腾龙洞大峡谷地质公园这样完好的干谷系统甚为少见。

二、地质遗迹等级划分

按照国土资源部《国家地质公园规划编制技术要求》等相关文件,结合前述地质公园主要地质遗迹景观的国内外对比分析和总体评价,以科学价值、美学价值、科普教育价值及旅游开发价值为主并参考有关因素对恩施腾龙洞大峡谷地质遗迹进行综合评价,将地质遗迹划分为世界级、国家级、省级及省以下级4个等级。

1. 世界级地质遗迹标准

(1)能为全球演化过程中的某一重大历史事件或演化阶段提供重要地质证据的地质遗迹。
(2)具有国际地层(构造)对比意义的典型剖面、化石及产地。
(3)具有国际典型地学意义的地质景观或现象。

2. 国家级地质遗迹标准

(1)能为一个大区域演化过程中的某一重大地质历史事件或演化阶段提供重要地质遗迹证据的地质遗迹。
(2)具有国内大区域地层(构造)对比意义的典型剖面、化石及产地。
(3)具有国内典型地学意义的地质景观或现象。

3. 省级地质遗迹标准

(1)能为区域地质演化阶段提供重要地质遗迹证据的地质遗迹。
(2)具有区域地层(构造)对比意义的典型剖面、化石及产地。
(3)在地学分区分类上具代表性或较高历史、文化、旅游价值的地质景观。

经过评价,恩施腾龙洞大峡谷国家地质公园有世界级地质遗迹3处,国家级地质遗迹6处,省级地质遗迹18处。公园世界级和国家级地质遗迹评价依据及等级见表5-1,公园主要地质遗迹景观资源等级评价及科普名录见表5-2。

表 5-1 公园世界级和国家级地质遗迹评价依据及等级表

编号	名称	评价依据	等级
1	腾龙洞	腾龙洞属超大型洞穴系统,位居亚洲前列的地貌类型之一;原国际洞穴协会主席权威专家Derek Ford教授在本公园考察后评价"腾龙洞是我见到的世界上最壮观的地下河洞穴之一,其地下河入口景观可与世界自然遗产地——斯洛文尼亚的斯科契扬洞相媲美",为实属罕见的喀斯特地貌景观,因此评定为世界级	世界级
2	清江伏流	利川清江整条河流水大流量水落入地下,伏流长16km,之后再露出地表,地面有18处天窗、岩溶湖(潭)与支洞相连,其宏大的场景被中国科学院院士袁道先收录于《岩溶学词典》中。属世界罕见的全球典型、稀有的大型岩溶伏流水体景观,因此评定为世界级	世界级
3	石柱林	七星寨石柱林面积3km²,初步统计62座灰岩石峰石柱,石柱高20~285m,直径7~195m,直径与高的比值小于1,拔地而起,丛列似林,密集广布,规模大,观赏性之高强冠全国,全球罕见。其可称为世界神奇地理奇观之一,因此评定为世界级	世界级
4	"卧龙吞江"落水洞	清江在腾龙洞上游的汇水面积为389km²,清江河水到此陡跌30m,以瀑布形式注入地下,清江的多年平均流量为17.6m³/s,最小流量为0.53m³/s,最大流量为25.3m³/s,最大洪峰流量可达到10m³/s以上,变成"卧龙吞江"落水洞。"卧龙吞江"为全国较为罕见的巨型岩溶落水洞	国家级
5	毛家峡谷	毛家峡谷实为腾龙洞支洞洞穴顶板崩塌而形成的塌顶式峡谷,规模较大,是独特的一种峡谷类型,国内少见	国家级
6	穿洞群(一龙门、二龙门、三龙门穿洞)	在小范围发育穿洞群地貌,不仅景观奇特,而且包藏有多种岩溶形态,如穿洞、盲谷、袋状谷、小型天坑、溶蚀洼地等,为中国少有的喀斯特地貌	国家级
7	黑洞(四十八道望江门)	在黑洞伏流出口处不同高程上发育数以几十个宛如蜂窝状大小不一的洞口,形似48望江门窗的形态独具特色的洞口,在全国稀少	国家级
8	恩施大峡谷	岩溶峡谷在地质公园中占据着很大空间范围。主要有清江干流(雪照河)及其支流上(见天河和云龙河),如地表河中形成的由朝东岩峡谷、云龙河峡谷、雪照河峡谷、见天峡谷等若干个体量非常巨大、无比壮观的峡谷组成。如朝东岩峡谷是清江河段,长约17.5km,纵断面比降大,落差近280m,坡降为16‰。该河段河床海拔约500m,其上有数级陡崖分布,最高一级陡崖顶部海拔约1500m,与水面高差近千米,气势雄伟,蔚为壮观,独具特色的典型大峡谷之一,全国稀少	国家级
9	地缝式峡谷(嶂谷)	云龙河峡谷长约4km,谷宽20~110m,谷深60~160m,谷壁陡立,为典型的"U"字形峡谷,峡谷上部谷肩处分布数个小型瀑布,谷底水流汹涌湍急。其典型"地缝式"谷深狭窄的特点全国少见	国家级

说明:公园地质遗迹景观资源与国内外同类地质遗迹景观对比的基础上进行归纳,同时依据国家地质公园地质遗迹景观评价方案得出如上等级。

表5-2 地质公园主要地质遗迹位置及景观资源等级评价表

序号	地质遗迹名称	地理位置	坐标	评价等级	保护等级
1	腾龙洞(旱洞)	利川东城长槽村1组	N30°20′07.95″,E108°58′53.01″	世界级	一级
2	"卧龙吞江"落水洞	利川东城长槽村1组	N30°20′11.45″,E108°58′52.87″	国家级	一级
3	清江伏流	利川东城长槽村1组	N30°20′10.82″,E108°58′54.53″	世界级	一级
4	鲶鱼洞	利川东城长槽村1组	N30°20′20.40″,E108°58′52.32″	省级	二级
5	凉风洞	利川东城长槽村1组	N30°20′13.22″,E108°58′53.40″	省级	二级
6	响水洞(水洞天窗)	利川东城长槽村	N30°20′44.73″,E108°59′44.54″	省级	二级
7	大明岩	利川东城长槽村	N30°19′51.00″,E108°59′03.11″	省级	二级
8	龙骨洞(化石)	利川东城笔架山村12组	N30°20′58.14″,E109°00′34.25″	省级	二级
9	长堰槽干谷	利川东城长堰村2组	N30°20′47.12″,E108°59′55.59″	省级	二级
10	亢家峡	利川东城笔架山村12组	N30°20′36.88″,E109°00′52.76″	国家级	一级
11	"三龙门"穿洞群	利川东城笔架山村12组	N30°20′59.95″,E109°01′09.23″	国家级	一级
12	观彩峡	利川东城交椅台村8组	N30°21′17.93″,E109°01′44.59″	省级	二级
13	独家寨	利川东城交椅台村8组	N30°21′17.93″,E109°01′44.95″	省级	二级
14	银河洞	利川东城交椅台村8组	N30°21′19.44″,E109°01′53.79″	省级	二级
15	天窗	利川团堡镇分水村8组	N30°21′18.77″,E109°02′05.44″	省级	二级
16	白洞	利川团堡镇分水村8组	N30°21′18.60″,E109°02′14.70″	省级	二级
17	深潭洞	利川团堡镇分水村8组	N30°21′27.66″,E109°02′41.79″	省级	二级
18	水井洞	利川团堡镇分水村8组	N30°21′37.09″,E109°03′00.65″	省级	二级
19	簸箕天坑	利川团堡镇高岩村	N30°21′34.91″,E109°01′33.86″	省级	二级
20	清江古河床(干河沟)	利川市团堡分水村8组	N30°21′21.70″,E109°01′52.62″	省级	二级
21	清江伏流出口(黑洞)	利川团堡镇分水村8组	N30°21′46.61″,E109°03′45.12″	国家级	一级
22	清江雪照河段峡谷	利川团堡镇大树林3组	N30°22′26.81″,E109°05′17.31″	省级	二级

续表 5-2

序号	地质遗迹名称	地理位置	坐标	评价等级	保护等级
23	玉龙洞	利川团堡镇樱桃井4组	N30°23′28.65″,E109°07′26.91″	省级	二级
24	见天长扁河地缝峡谷	利川团堡镇朝南坪村	N30°25′37.02″,E109°07′02.23″	省级	二级
25	小溪河峡谷	利川团堡镇牛栏坪8组	N30°21′58.62″,E109°15′20.75″	省级	二级
26	仓洞	利川团堡牛栏坪10组	N30°21′16.47″,E109°14′21.26″	省级	二级
27	小溪河伏流出口	利川团堡牛栏坪10组	N30°20′58.26″,E109°13′53.55″	省级	二级
28	天鹅塘	利川团堡牛栏坪10组	N30°20′57.62″,E109°13′57.26″	省级	二级
29	小溪河穿洞	利川团堡四方洞8组	N30°20′46.68″,E109°13′20.41″	省级	二级
30	龙头石	利川团堡棠秋湾村	N30°20′42.98″,E109°17′13.24″	省级	二级
31	朝东岩	利川团堡棠秋湾村	N30°21′18.53″,E109°16′33.39″	省级	二级
32	石柱林(七星寨风景区)	恩施沐抚办事处前山大扁寨	N30°25′34.83″,E109°10′07.56″	世界级	一级
33	一炷香(石柱)	恩施大峡谷七星寨景区	N30°25′47.90″,E109°10′08.99″	世界级	一级
34	玉笔峰(石柱林)	恩施大峡谷七星寨景区	N30°26′01.58″,E109°10′21.33″	世界级	一级
35	恩施大峡谷(清江段)	恩施沐抚办事处	N30°23′37.20″,E109°11′16.74″	国家级	一级
36	云龙河地缝式嶂谷	恩施沐抚办事处	N30°26′37.40″,E109°10′54.25″	国家级	一级
37	日天笋	恩施板桥大沙坝	N30°26′39.31″,E109°14′54.49″	省级	二级
38	船桨山(桡片山)	恩施沐抚办事处水竹园	N30°23′19.79″,E109°10′53.85″	省级	二级
39	麦里峡谷	恩施沐抚办事处麦里村	N30°24′21.22″,E109°09′33.86″	省级	二级
40	沐抚滑坡体	恩施沐抚办事处沐抚村	N30°26′40.40″,E109°12′1.08″	省级	二级

第六章
公园科学研究与科普解说实践

DI LIU ZHANG
GONGYUAN KEXUE YANJIU
YU KEPU JIESHUO SHIJIAN

公园科学研究

科学研究是以提高地质公园地质、人文、生态资源研究水平及管理政策、方法水平,更好地实现地质公园三大理念,是建设和管理好地质公园的基本方略。同时,要保证研究经费,抓好研究成果转化。主要围绕资源、保护、科学解说,打造有科学含量的旅游产品,提高旅游效率,保护游客安全,在公园可持续发展等方面设立科研课题,体现前瞻性、实用性原则,为决策者提供科学依据。科学研究应坚持早期介入原则、整体性原则、公众参与原则、可操作性原则、支撑资源保护及发展循环经济原则等。

恩施腾龙洞大峡谷国家地质公园是以喀斯特地貌为主要特征,包括了岩溶类型和岩溶结构构造等多种地质遗迹类型、地质地貌景观及优美生态环境的中型综合性地质公园,园区内独特的喀斯特地貌组合景观,在地球历史、地貌学、构造学、水文地质学、地层学、地质美学、生态学等领域具有极大的地质遗迹科学研究价值。

建立公园解说系统

地质公园解说系统主要包括室内和户外解说设施(地质博物馆、科普电影馆、解说碑牌、路标标牌、主副碑、景点解说牌、公园说明牌)及科普导游图、科普丛书、地质公园画册、地质公园科普路线解说词、音像制品等。

一、地质公园博物馆

腾龙洞大峡谷国家地质公园博物馆位于恩施市金桂大道(州文化中心),是一座集地质科普宣传、地质遗迹保护、自然与人文景观于一体的综合性公益博物馆,拥有一流的设施、优美的环境和专业的服务,可满足游客参观了解地质公园的需要。

地质公园博物馆由州人民政府投资建设,占地面积2000m²。展陈内容以"地球演化、地下宝藏、生命演化、多彩恩施"为主线,分别设有地质科普、富饶恩施、远古恩施、世界硒都、恩施之窗、多彩恩施等展厅(图6-1~图6-3)。馆内集中展示了恩施地区的岩石和矿物标

第六章 公园科学研究与科普解说实践

图6-1 地质公园博物馆地质科普厅

图6-2 地质公园博物馆远古生物厅

图6-3 地质公园博物馆禄丰龙化石骨架

本、地质构造及古生物化石标本,还有精美观赏石和受赠禄丰龙化石等标本。展厅设有空中看恩施、恩施地质演化等科普宣传体验区域和腾龙洞大峡谷模型场景,让游客直观地感受独特的地质奇观,领略大自然的神奇魅力。

地质公园博物馆是开展地质旅游、遗迹保护、地质科普宣传的教育基地,同时也是认识恩施、了解恩施、推介恩施的一张精美名片。

二、地质公园主题碑

1. 腾龙洞主题碑

腾龙洞主题碑(图6-4)设立在利川清江进入腾龙洞景区的河谷一号停车场吊桥边。

主题碑整体为横向设计,展示了传统园林元素中的漏景设计手法,通过碑体镂空的石材造型,让整个碑体有种通透的感觉。镂空的部位左右呼应,右侧抽象地反映腾龙洞旱洞,左侧则映衬"卧龙吞江"水洞以及地表清江通过垂直落水洞连通地下暗河之意,以此来表现腾龙洞伏流洞穴系统这一世界罕见的立体喀斯特地貌景观,让人回味无穷;在碑面立体地设置国家地质公园徽标和字样的同时,力争做到整体性和统一性兼顾。

碑体造型能起到移步景换作用,让旅游者到达此处后可在各个角度进行拍照,不同角度体现不同的趣味性。设计宗旨是力求打造腾龙洞园区地标性的景观。

图6-4 腾龙洞主题碑

2. 恩施大峡谷主题碑

恩施大峡谷主题碑设立在景区游客中心附近(图6-5、图6-6)。在该主题碑建造设计中,通过集思广益,注重了对大峡谷地质景观有密切关联的元素进行挖掘,设计采取象征手法,采用天然原石(泰山石)为视觉传达载体,泰山石碑面自然形成的石纹肌理如同艺术浮雕,生动映现出大峡谷神奇、壮美的山水画卷。

基座以中国传统展示书画造型为元素,似超级盆景座托起主题碑,如一尊巨大的工艺品立于场地中央,与雄奇大峡谷跌宕起伏的山峦遥相呼应,相得益彰,更彰显主题碑独具庄重的人文意境,以此大大增强了恩施大峡谷主题碑的视觉冲击力。

图6-5 大峡谷主题碑(正面)

图6-6 大峡谷主题碑(侧面)

地质公园科学普及行动

一、科普活动

1. 建设地学科普研学基地

在"三龙门"、七星寨、雪照河峡谷等地开展地学科普研学基地建设。针对中小学生及大学低年级学生（地质公园内及周边居民也应占一定比例），做好每年地学科普研学及春游、秋游、双休游等多种形式的科普活动（图6-7、图6-8）。通过欣赏地质遗迹景观，认识地形、地质图，操作罗盘，采集标本，编写小论文等，普及简要认识岩石、地层、构造及防避地质灾害等地学知识。

图6-7 悬崖上的地质科普研学课堂

图6-8 腾龙洞地质科普研学课堂

2. 举办"世界地球日""神奇的地球"等重大科普活动

每年举办"世界地球日""全国土地日""科普周""博物馆日""神奇的地球"等活动。采用"走出去""请进来"与校共建、走进社区、街头宣传等灵活多样的方式，普及地质公园地质遗迹特色，预防地质灾害等知识，让当地居民了解掌握公园主要洞穴、峡谷地质遗迹景观的形成过程、景观特色，使他们更加热爱家乡，增强自豪感，起到人人能做兼职导游，人人能做义务宣传员的作用，促进地方经济和各项事业的可持续发展。

3. 建立"自然资源科普基地"

做好自然资源科普基地的规划建设工作，完成龙骨洞至白洞、云龙河地缝至七星寨两条地质科普科考路线的建设，以及导游、讲解员队伍建设与培训，争取进入"自然资源科普基地"行列，建成国家地质公园自然资源科普示范基地。

二、科学实践活动

（1）依据资源特征和就近就地原则，在"三龙门"、七星寨、雪照河峡谷3处喀斯特地貌类型典型丰富、特征明显独特地区，加快地质类院校喀斯特地貌教学实习基地的建设。在前人研究的基础上，确立"三龙门"为穿洞群观摩、考察、教学、实习基地地位，雪照河峡谷为高山深切峡谷观摩、考察、教学、实习基地地位，七星寨为石柱式峰林地貌研究实习基地地位，并逐步成为国内高校和职业学校的实习基地。

（2）通过地质公园提供实习基地、优惠或减免门票、提供实习场所和实习指导资料等，学校以为地质公园提供高质量实习论文、景点景观解说资料等方式，开展教学实习基地共建联谊活动，实现资源共享，互惠实习成果，提高教学质量，普及地球科学知识的目标，甚至今后扩大到国内外，成为其大型洞穴及峡谷地貌科研、教学、实习基地。

三、面向中小学生、游客的专项科普活动

（1）积极联合教育部门和旅游部门等开展面向中小学生的研学旅游、面向海外留学生的游学旅游等专项科普活动。

（2）引导中小学生、普通游客走进地质博物馆，通过专家和讲解员面对面解说、问答等方式，让广大游客对地质公园和一般地学知识有基本的了解。

（3）通过科普影视厅滚动播放国家地质公园地质科教片，向中小学生和游客普及湖北恩施腾龙洞大峡谷地质遗迹演化、喀斯特地貌景观的形成过程，以及其他地学科普知识。

(4)不断更新完善地质公园内地质遗迹景观解说系统,做到内容正确、通俗易懂、风趣幽默,提供普通游客喜欢看、看得懂的解说内容。

(5)培养高素质的地学导游人员队伍,定期进行导游培训,让科普知识融入导游讲解之中。

(6)编制出版地质科普宣传册、卡通片等,通过深入浅出、生动风趣、图文并茂等游客易于接受的媒介,普及地学知识。

(7)腾龙洞大峡谷国家地质公园所在地区是世界著名喀斯特地貌发育的地区,可以通过精心的设计,策划出通俗易懂、适合于青少年朋友开展科普教学的科普路线和中国山地马拉松越野赛经典赛事路线。

四、专题考察路线

恩施腾龙洞大峡谷国家地质公园旅游及科考路线设计如下。

科普旅游路线设计应遵循的基本原则是:通过点、线、面将区内世界级和国家级地质遗迹与地质景观以线路的形式结合在一起,这样才能起到科普、探险、健身等很好的效果。

1. 一日游路线

腾龙洞一日游:利川东北陈家坝→划船至龙须桥,步行至售票处,过"卧龙吞江"→腾龙洞《夷水丽川》→腾龙洞三元厅→返回洞口→利川城区(图6-9)。

腾龙洞伏流洞穴系统地质科考及科普路线,依据其实际的情况,可以分为地下溶洞考察路线和地面地质地貌考察路线两种类型(图6-10)。

1)地下溶洞考察路线

从腾龙洞洞口一直到位于半山腰处的白洞,有两个天然的出口:一个是毛家峡,第二个是白洞。

从洞口开始沿着高大宽阔的洞道往里行进,先过妖雾山到玉龙厅岔道,往左经毛家峡支洞,从毛家峡口出洞,穿越"三龙门"。由玉龙厅岔道往右,经千龙厅、白玉山、蛮洞、白洞出来。腾龙洞洞口规模位居世界第三位,其洞腔浩大,世所罕见。

2)地面地质地貌考察路线

(1)从"卧龙吞江"落水洞往北,沿着长堰槽地表槽谷河道,依次经过凉风洞、牛鼻子洞、鲶鱼洞、响水洞、龙骨洞、簸箕天坑、"三龙门"、观彩峡、银河洞、清江古河床至黑洞,主要途经腾龙洞洞穴系统相互连通的多个洞口、天坑、穿洞和清江古河床。

(2)大峡谷一日游:大峡谷服务中心→云龙河地缝→索道→七星寨→峡谷轩酒店→一炷香→母子情深→峡谷春酒店→扶手电梯→返回市区。

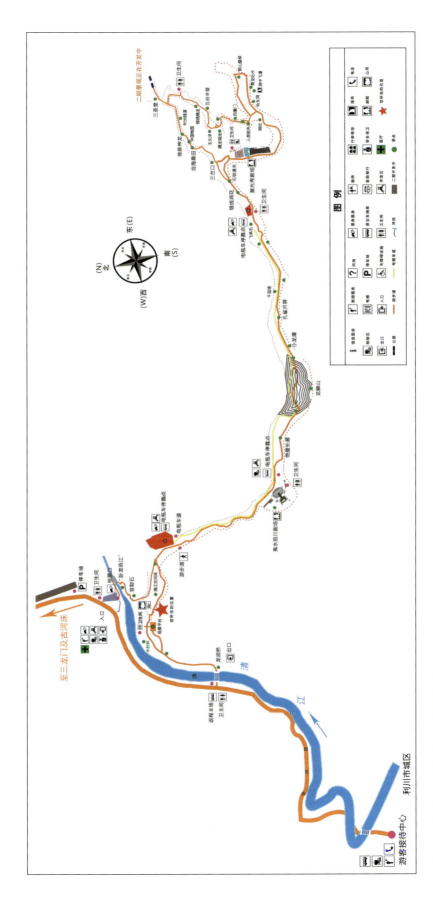

图 6-9 腾龙洞景区一日游旅游路线图

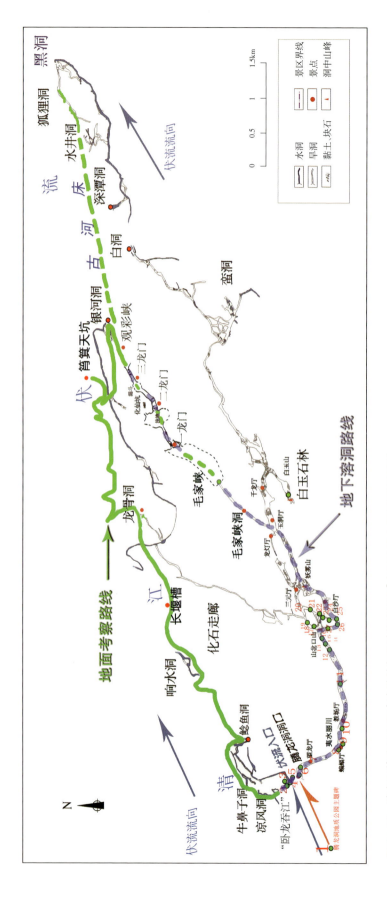

图 6-10 腾龙洞伏流洞穴系统地质科考及科普路线图 [中国地质大学(武汉)编制]

(3)恩施大峡谷地质科考及科普路线(图6-11)。

西线:七星寨石柱林景区沿线。

东线:云龙河地缝景区沿线。

2. 二日游最佳路线两条

(1)腾龙洞精品科普二日游:利川东北陈家坝→划船至龙须桥西侧,步行至售票处,过"卧龙吞江"→腾龙洞《夷水丽川》→腾龙洞三元厅→毛家峡出口→住"三龙门"→一龙门、二龙门、三龙门→观彩峡、独家寨→簸箕天坑→住利川市区。

(2)"三龙门"→清江古河床→白鹊山民宿→野猫水、宜影古镇→玉龙洞→雪照河→利川市区,特点:穿洞群、古河床、古建筑、多姿多彩的梦幻洞穴、高山峡谷、省级金宿级民宿休闲。

(3)大峡谷精品科普二日游:大峡谷游客服务中心→索道→七星寨→峡谷轩酒店→一炷香→母子情深→峡谷春酒店→《龙船调》实景剧场→住女儿寨→云龙河水库→云龙河地缝。

3. 三日游最佳路线

利川市区→乘车至景区售票处,过卧龙吞江→腾龙洞《夷水丽川》→腾龙洞三元厅→毛家峡出口→住"三龙门"→"三龙门"→观彩峡、独家寨→簸箕天坑→朝南村→雪照河电站→团堡→《龙船调》实景剧场→住女儿寨→大峡谷游客中心→云龙河地缝→索道→七星寨→峡谷轩酒店→一炷香→母子情深→峡谷春酒店→住女儿寨。

4. 中国山地马拉松越野赛

腾龙洞售票处,徒步经"卧龙吞江"→腾龙洞三元厅→毛家峡出口→"三龙门"→观彩峡、独家寨→骑自行车行至黑洞→划船经雪照河至凉桥→骑行经玉龙洞→雪照河电站→徒步上山至小楼门→倒灌水停车场→骑行下山经云龙河璧合大桥→大峡谷游客中心停车场(本条线路的长度约为42km)。

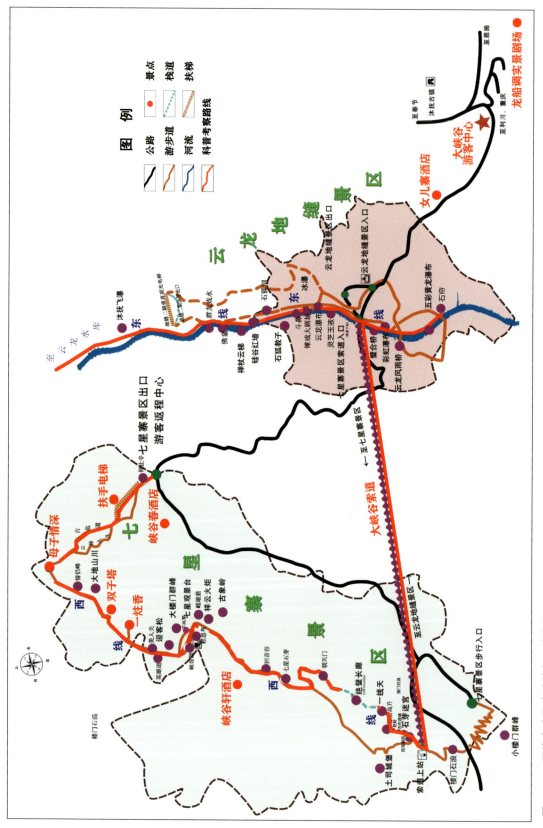

图 6-11 恩施大峡谷地质科考及科普路线图

第七章
地质遗迹与生态人文保护

DI QI ZHANG
DIZHI YIJI
YU SHENGTAI RENWEN BAOHU

地质遗迹保护

一、地质遗迹保护区类型、级别与范围的划分

1. 保护目标与基本原则

(1) 保护目标：以科学和历史的保护观，保护好腾龙洞大峡谷特殊地质遗迹景观、人文史迹景观和整体生态环境，整合地质遗迹、自然及人文历史等多重环境，促进和实现生态和谐、社会和谐和经济和谐。

(2) 基本原则：遵循国家相关法律、法规、条例及国际公约的规定，坚持保护第一的原则，着力保护腾龙洞大峡谷地质遗迹及其他自然生态环境的完整性、人文景观的真实性和完整性；以生态系统的完整性和多样化为前提，在地质公园内实现分级保护，突出重点，协调好保护与开发利用的关系，充分发挥恩施腾龙洞大峡谷国家地质公园的形象定位，做到经济、社会、环境的高度统一，确保资源的可持续利用。

2. 地质遗迹保护区的划分与边界范围的确定

鉴于恩施腾龙洞大峡谷国家地质公园赋有丰富的地质遗迹资源、历史文化资源和生态环境资源，保护区划分要建立在资源分布、资源评价和游憩利用评价的基础上，避免了资源保护与利用之间的矛盾，使地质公园内保护分区和功能管理分区边界吻合，将保护区直接落实到各功能管理区管理，性质明确，边界清晰，避免不同分区的边界多重性所带来的混乱。

根据地质遗迹的典型性、稀有性和保护难度，并结合地质公园当前保护和开发建设的实际情况，腾龙洞大峡谷国家地质公园内的地质遗迹保护规划设置为两个保护级别，分别为一级保护区、二级保护区。

一级保护区为地质遗迹保护难度大、易损性强且地质遗迹典型独特、为国家级及以上的地质遗迹点和点群，面积为 42.96km²。

二级保护区为地质遗迹保护难度较大、易损性较强的省级及以上地质遗迹分布区域，面积为 60.84km²。

地质遗迹保护区的界线按一级、二级地质遗迹分布区及遗迹点圈定，并确定拐点坐标。

拐点坐标的测定由地质公园管理机构和规划编制单位进行实地测量,测量仪器为高精度(毫米级)GPS。数据读完记录后,同时定桩定位。

二、地质遗迹保护措施

(一)各级保护区的控制要求与保护措施

1. 一级保护区

一级保护区为地质遗迹保护难度大的区域,是重要地质遗迹分布区,面积以足以保证保护对象不会受到人为破坏而圈定。

一级保护区可以设置必要的游赏步道和相关设施,但必须与景观环境协调,严格控制游客数量,禁止机动交通工具进入。

2. 二级保护区

二级保护区允许设立少量的、与景观环境协调的地质旅游服务设施,不得安排影响地质遗迹景观的建筑。合理控制游客数量。

个别保护难度大的典型地质遗迹点,需设立围栏、警示牌等,保障地质遗迹不因开展旅游活动而受到损害。

(二)特殊地质遗迹的保护方案

地质遗迹是地球在亿万年漫长历史演化中留下的真实记录,是用以追溯地球演化历史的重要证据。具有科学价值、稀有性和观赏价值的地质遗迹是国家乃至世界级的旅游风景资源的基础,而且是可永续利用的资源,是建立地质公园的主要资源依托和支柱,是其他资源的载体,具不可再生性和稀有性,加强对地质遗迹的保护是维护地质公园持续发展的最重要措施之一。

恩施腾龙洞大峡谷国家地质公园中的特殊地质遗迹资源,是建立国家地质公园的重要资源基础,由于处在特殊的地质环境,使之更加脆弱。腾龙洞大峡谷自正式对外开放旅游活动以来,未能对地质遗迹资源做过针对性的保护措施和保护规划,在地质公园建设过程中按规划有必要突出加强保护设施的建设,使一些具有极高科学价值和观赏价值的地质遗迹得到有效的保护。

恩施腾龙洞大峡谷国家地质公园内需要特别保护的特殊地质遗迹共有10余处,按照保护难度的大小、地质遗迹的价值,分门别类对其制订不同的保护方案。部分地质遗迹迫切需要保护的方案简述如下。

1. 龙骨洞——第四纪大熊猫、剑齿象化石

腾龙洞的支洞龙骨洞内发现了大量的第四纪哺乳动物化石,是确定第四纪该区恢复古气候与古地理面貌的重要依据,既具科学意义又有一定的观赏价值,为研究该地区地壳抬升、溶洞形成时代具有重要的科学意义,也是普及地学知识的一个重要窗口。大熊猫化石的发现加深了对公园大熊猫的地史分布特征的了解,对于探讨自然环境、古气候变迁以及人类活动对大熊猫的演化和生活的影响具有重要意义。

龙骨洞需要重点严格保护,可采取封闭洞口或开展抢救性发掘的措施,严禁盗采和破坏化石的行为,严禁游客和当地居民进入,该洞目前不宜进行旅游开发,未来主要用于地质科学考察、开展洞穴化石研究以及第四纪洞穴古生物化石的现场教学。

2. 清江古河床——穿洞群地质遗迹

清江古河床是远古时期的清江河道,由于地壳运动和河水的侵蚀、溶蚀作用,河床岩石呈现出各种各样的形状,反映了清江的地质历史变迁。腾龙洞的毛家峡支洞出口处峡谷段中连续出现规模甚大、景观优美的穿洞群,3个穿洞互相连通,十分罕见。3个穿洞的长度分别为231m、266m和182m,高度多在30m左右,宽度一般为35m,只有一龙门规模稍小一些,3座天生桥沿谷地的连续分布。3个穿洞之间分别为溶蚀洼地和漏斗,二龙门和三龙门间的漏斗直径为78m,深50~100m,也可以称为小型天坑,属崩塌成因。在1km范围内既有3个穿洞,又有小型天坑和溶蚀洼地相伴出现,虽然同属喀斯特地貌,但又各有特色,充分体现大自然的多姿多彩。

由于该地区尚未对外正式开放,经常会有徒步驴友和周边居民到此烧烤、游玩,出现了随意踩踏、乱画乱刻、乱扔垃圾等现象,一定程度上破坏了地质遗迹的完整性。这类地质遗迹一方面需要安排专人进行不定期巡查,及时纠正不文明行为,同时对于部分古河床和穿洞设置防护拦网防止游人进入;另一方面需要科学修建游步道,个别区域要进行架空处理,引导游人远离地质遗迹脆弱地区。

3. 腾龙洞洞穴系统及各支洞出口

腾龙洞是一个庞大的洞穴系统,包括水洞和旱洞。水洞洞道复杂,有地下河、地下湖、急流瀑布,与地表有多处相通,主要的连通洞口有"卧龙吞江"洞口、响水洞、龙骨洞、银河洞、深

潭洞、观彩峡处的明流,及一些天窗、落水洞、黑洞洞口及四十八道望江门,它们在发育演化历史上是和腾龙洞洞穴系统密不可分的;旱洞主洞长8694m,洞宽40~80m,洞高50~90m,宽敞宏伟,洞高度最高处达186m,为国内外所罕见。目前,已探明腾龙洞旱洞有两大出口,第一出口为毛家峡(可直通"三龙门"穿洞群);第二出口为白洞,洞口标高1033m,洞高55~62m,洞宽34m,高悬于十溪河(银河洞与深潭洞之间的季节性河道)河谷之上60m。整个洞穴系统支洞繁多,现已探得支洞29条,大者4条,长898~3000m不等。洞内次生化学沉积物遗迹,如石钟乳、石笋、石柱、石幔、边石坝、穴珠等及哺乳动物化石堆积层。

从地质遗迹保护、灾害预防及安全的角度上考虑,大型歌舞表演应考虑逐渐移至洞外,改为在博物馆或其他场合开展。对尚未开发的腾龙洞洞穴系统各支洞要进行封闭保护,并委派专人进行定期巡查,禁止当地居民和游客进入,严防破坏和盗采支洞内各类石钟乳地质遗迹景观的行为。另外在洞穴系统各支洞出口,由于缺乏有效管理,居民随意建房的情况时有发生,有的房屋距离支洞出口很近,一方面存在安全问题,另一方面不利于地质遗迹资源的有效保护。同时,在腾龙洞主洞及各支洞上方地表禁止再开展开山取石、修建房屋等建设活动。

4. 云龙河"地缝式"峡谷地质遗迹

云龙河"地缝式"峡谷地质遗迹是恩施大峡谷景区一处非常典型和重要的地质遗迹。由于地质构造的切割破坏和水流的下切,形成如刀切斧砍的山间峭壁,云龙河地缝段下部为"U"形峡谷深达百米,上部峡谷则宽数千米,深达数百米。云龙河为清江上游较大的支流,云龙河峡谷之所以引人注目是因为这是一段"地缝式"峡谷,峡谷长约4km,谷宽20~110m,谷深60~160m,谷壁陡立,为典型的"U"字形峡谷,峡谷上部谷肩处分布数个小型瀑布,谷底水流汹涌湍急。云龙河地缝处于恩施大峡谷七星寨东侧山坡下和沐抚滑坡体西部的结合处,地势较低,容易受到东、西两侧地质活动和人类居民建设活动的影响。因此,应避免在地缝两侧修建大型建筑设施以及开山取石活动,经常性地开展地质灾害检测和评估工作,谨防地质遗迹遭受破坏,同时消除周边居民的安全隐患。

生态环境与人文景观保护

一、生态环境的保护

(一)生态环境质量的现状分析与评价

1. 生态环境系统现状

1) 大气环境质量

恩施素有"鄂西林海""天然植物园""华中药库"之美誉,森林覆盖率达64%,是湖北省内仅次于神农架的第二大林区,而且州内动植物尤其是珍稀动植物资源很突出,生物品种的绝对数种超过了神农架,是目前省内生物资源最丰富、种类最多的地区之一。恩施腾龙洞大峡谷国家地质公园内外的自然环境优越,植被丰富,空气质量达到《环境空气质量标准》(GB 3095—2012)中规定的Ⅰ级标准;空气清新,负离子含量高,让人心旷神怡,基本没有大气污染的污染源。

2) 地表水质量

恩施腾龙洞大峡谷国家地质公园内水体主要是峡谷溪流,溪流的水主要来自云龙河和峡谷两边的地表水,暴雨时会有一定的水土流失,会导致短期的水体环境破坏,视觉效果受影响;公园内的农业开发与生活过程中产生了一定的水体污染,并未影响水的自然调节和恢复能力。地表水质量达到《地面水环境质量标准》(GB 3838—2002)中规定的Ⅰ级标准。

3) 土壤环境质量

虽然恩施腾龙洞大峡谷国家地质公园的生态环境尚好,但景区内外尚存农业生产与生活,存在一定的水土流失现象,地质灾害还有发生,从七星寨栈道往大峡谷对岸看,水土流失的面积较大,山上植被覆盖率不高,季节变化不丰富。原有的基础设施建设对景观也有一定的负面影响。如云龙河电站的选址,就在云龙河上段;沐抚至板桥乡道斜穿整个小龙门景区,塌方坡面较大。

4) 声环境质量

恩施腾龙洞大峡谷国家地质公园声环境质量较高。公园内植被覆盖率较广,声环境质量处于优良状态,噪声质量达到《声环境质量标准》(GB 3096—2008)中规定的0级标准;然而随着公园的发展,车流、人流的增加,主要干道两边未来噪声问题将会产生。

2. 生态环境系统威胁

生态环境威胁主要来源于以下几个方面。

1)旅游活动对生态环境的影响

随着地质公园的建立和完善,游客的数量会逐年增加,但游人的踏踩会使区内的地质遗迹等自然的以及人文的景观资源面临威胁。部分游客对景物任意刻画、涂抹,对植物的任意采摘及旅游活动产生的垃圾排放等,都会对公园内的生态环境造成破坏。

2)地质灾害等对生态环境的影响

泥石流、崩塌、滑坡等地质灾害,以及暴雨、冰雹、大风等灾害性天气,也会对生态环境造成破坏。

3)居民生产生活对自然生态环境影响

地质公园地处鄂西南山区,自然生态环境良好,但随着清江上游利川市农村人口的增加,部分生活污水未经有效处理排入清江河道,对下游地质公园内的河流产生的污染,严重影响了清江鱼类生物及河道两岸植被的生存。

随着公园旅游的发展和大量游客到来,需要加强对园区内农家乐宾馆的有效管理,修建污水排放和处理设施,以防止可能对园区生态环境造成的影响。

(二)生态环境保护

1. 大气环境质量保护措施

(1)严格控制造成大气污染的建设项目,对各类可能造成对大气污染的项目,必须通过技术论证和上级相关行政主管部门批准,方可建设。

(2)在景区范围内推广普及电能、太阳能、天然气等无污染能源,逐步减少燃煤烧柴等污染型能源的利用,直至基本实现使用无污染能源。

(3)地质公园内机动车逐步改用无污染能源,控制超排放废气的机动车辆进入公园内。

(4)及时处理生活垃圾,预防污染大气环境。

(5)进入特殊地质遗迹区、人文史迹区、特殊生态游览区的车辆必须具备环保标志。

2. 地表水质量环境保护措施

(1)加强水土保持和水源涵养。

(2)控制农业污染源。

(3)加强对工业和生活污水及垃圾的处理。

(4)严格控制地质公园内的工业和生活污水的排放。

3. 土壤环境质量保护措施

(1)建立和完善专职或兼职的环境卫生队伍,根据居民生活空间和游客服务设施点的空间分布及游人数量,合理配备人员和收集运输设施。

(2)山上景区的垃圾必须统一专人专车抵运至3个垃圾中转站,不得乱倒、焚烧或掩埋,严禁倒入水体溪流峡谷中,造成带状流动污染。

(3)普及环保知识,实施垃圾分类收集。

(4)不可降解包装产品禁入地质公园,对一次性餐具和饮料瓶罐,应由经营者负责回收和妥善处理。

4. 声环境质量保护措施

(1)汽车交通噪声是地质公园内的主要噪声源,应逐步控制、减少车流量,严格控制大型车辆的流量,进入地质公园内的车辆应减速行驶,禁止鸣笛。

(2)保护道路两侧的森林植被。

(3)适当控制和减少社会噪声,接待中心、主景区禁设噪声源,歌舞剧场应设隔音设施。

(4)严格控制噪声源大的建设项目。

(5)交通工具应符合噪声环境保护标准,并按照管理分区导则控制进入类型及其活动区域。

(6)力争实现地质公园内游览交通和公共交通的分离,确保地质公园内噪声控制达标。

二、自然灾害防治

(一)地质灾害防治

1. 易发地质灾害类型及其他危及游客安全的事故隐患

经地勘部门调查恩施腾龙洞大峡谷国家地质公园旅游安全和地质灾害的类型有峡谷两侧岩体崩塌灾害与风化石块脱落、滑坡泥石流、清江洪水、洞内石钟乳和石块坠落。

主要防治重点是岩体崩塌灾害、滑坡泥石流、洪水与洞内外风化石块脱落,对景区内的人员造成伤害和财产损失。

2. 地质灾害的预防和处理

地质公园景区内的地质灾害主要是岩溶地层块体的滑坡和崩塌,产状平缓的灰岩岩层易形成陡峭的边坡,沿岩层层面和裂隙常发生岩层的崩塌,但位于地质公园景区内的崩塌规模较小、危害程度一般。腾龙洞洞内曾发生过大量的崩塌。但多发生于地质历史时期,近期总体上是稳定的,但仍要注意加强经常性的观察。

对地质灾害的预防措施:进行地质研究,研究岩层、土层性质和构造特征;雨量预报,特别是暴雨期间对沐抚镇敏感地区加强观测;做出重要地质灾害点的具体防灾预案。

3. 特设旅游安全与地质灾害监测实时在线建设计划

地质公园旅游安全与地质灾害监测实时在线建设计划,主要防治重点是岩体崩塌灾害监测,其次是滑坡、洪水。因恩施腾龙洞大峡谷国家地质公园河谷深,洞体高大及岩石结构等因素造成风化作用容易产生脱落石块,对游客造成伤害。本着以人为本的服务理念,对游览步道上方稳定性较差的岩石块体都应进行系统监测、加固和不定期进行排除。采取定人巡视和科学仪表实时在线监测,特别是雨季和下雪结冰期加强监测防范。同时也可参考借鉴桂林和张家界旅游区旅游安全监测模式,建立适合恩施腾龙洞大峡谷国家地质公园的旅游安全与地质灾害监测系统。

加强旅游安全意识和防灾救灾管理,防患于未然,需建立以下制度:
(1)组建旅游安全与地质灾害防灾、救灾管理机构及监测通信网络。
(2)完善汛期值班制度,险情巡视制度。
(3)制订各专职岗位职责和群测人员培训计划及重大隐患点巡回检查计划。
(4)组织机构成员学习相关制度、职责,培训岗位专业技能。
(5)规范限制地质灾害易发区和危险区人类活动,退耕还林,实施生态保护。
(6)建立险区险段预警监测系统,编制科学防灾和治灾方案。
(7)科学合理指挥与调度灾区抢险救灾系统。

(二)火灾防治

区内林下枯枝落叶甚多,地表易燃,腐殖层增厚,如果干燥无雨,稍有不慎,极易引发火灾,给护林防火工作带来很大困难,使地质公园保护面临更大考验。为更好地保护地质公园的生态环境,相关管理部门要全面贯彻"预防为主,防消结合"的方针,加强森林防火工作,根据《中华人民共和国森林法》规定,森林防火期,禁止在林区野外用火,加强用火管理。建立和完善森林防火组织,在林区配备防火基础设施和装备,并确定和落实保护措施,及时进行检查。

(1)建立健全旅游景区防火组织机构,成立护林队,设专职护林员,定期巡查。

(2)在旅游景区内主要制高点结合风景建筑及森林保护,设置护林防火瞭望台;建造森林消防蓄水池;建立防火道,每年在山区游步道两侧割除茅草、灌木各2m作为防火道。

(3)在景区及景区入口处和重点防范区设置防火警示标志。

(4)严禁火种,不得随地用火;严禁燃放鞭炮,在靠水开阔地段设置专门的吸烟场所。

(5)旅游服务区、景区管理处应配备防火和灭火设施。

(6)加强宣传教育,大力开展旅游景区山林防火宣传活动;对附近村民定期进行防火教育,定期进行消防检查。

(三)水灾防治

(1)恩施腾龙洞大峡谷国家地质公园景区的洪水主要发生在夏季暴雨时期,为此应沿各主要河道、溪流疏通水道,预留足够的排洪河溪,严禁各类建设项目、设施占泄洪通道。

(2)减少不透水地面铺装,努力削减地面径流。

(3)加强山体水土保持工作,减少水土流失。

三、珍稀物种保护

恩施腾龙洞大峡谷地质公园有很多珍稀植物和动物。其中,国家一级保护植物有3种,分别是水杉、珙桐、莼菜;国家二级保护植物有金毛狗、篦子三尖杉、金钱松等26种。国家一级保护动物有金雕、金钱豹、林麝、云豹等8种;国家二级保护动物有短尾猴、猕猴、穿山甲、黑熊、大灵猫、红腹锦鸡、大鲵、虎纹蛙等61种(表7-1)。

表7-1 部分珍稀动植物名录表

类别	种名	属种拉丁学名	性质
国家级保护植物	莼菜	Brasenia schreberi	中国一级保护
	珙桐	Davidia involucrata	中国一级保护
	水杉	Metasequoia glyptostroboides	中国一级保护
	金毛狗	Cibotium barometz	中国二级保护

续表 7-1

类别	种名	属种拉丁学名	性质
国家级保护植物	篦子三尖杉	*Cephalotaxus oliveri*	中国二级保护
	金钱松	*Pseudolarix amabilis*	中国二级保护
国家级保护动物	金雕	*Aquila chrysaetos*	中国一级保护
	金钱豹	*Panthera pardus*	中国一级保护
	林麝	*Moschus berezovskii*	中国一级保护
	云豹	*Neofelis nebulosa*	中国一级保护
	短尾猴	*Macaca arctoides*	中国二级保护
	猕猴	*Macaca mulatta*	中国二级保护
	穿山甲	*Manis pentadactyla*	中国二级保护
	黑熊	*Ursus americanus*	中国二级保护
	大灵猫	*Viverra zibetha*	中国二级保护
	红腹锦鸡	*Chrysolophus pictus*	中国二级保护
	大鲵	*Andrias davidianus*	中国二级保护
	虎纹蛙	*Tiger frog*	中国二级保护

对珍稀动植物的保护措施如下：

(1)进一步完善森林生物多样性和野生动植物的调查与监测体系。

(2)落实巡山护林制度，以保护站和监测点为单位，定期对重点保护地段进行巡逻和监测，增加巡山经费，充实野外巡逻设备。

(3)注重珍稀濒危植物资源的保护，如沟谷地带分布的珍稀植物群落应保持与游步道的适宜距离，有利于种群数量的保持和发展。

(4)加强野生动物的抢救，对保护区内离群、受伤、感染疫病、老弱的动物进行人工个体救治，建设珍稀野生动物抢救中心，以满足公园珍稀野生动物抢救工作的需要。

(5)在生态保护区重点保护对象较为集中地区，要特别重视环境和栖息地的保护，控制或减少导致不良影响的各种生产和游憩活动。

(6)通过传媒向社会和广大公众宣传珍稀野生动植物的价值与保护意义，争取社会和公众对保护区的关注与支持，吸引广大科学工作者，尤其是专家教授参与研究和保护开发。

(7)采取外联方式，积极与国内外科研单位联合，开展森林生物多样性和野生动植物保护的国内、国际合作研究。

(8)对可能造成不良影响的建设项目,必须经过有关上级行政主管部门审批,必要时需进行环境影响评价和专项论证。

四、人文景观保护

区内人文景观包括建筑类景观资源、民俗风情类人文景观资源及其他人文景观资源等类型。

1. 建筑类人文景观资源

(1)大水井建筑群落:全国重点文物保护单位,座落于利川市柏杨镇。

(2)鱼木寨:全国重点文物保护单位,位于利川市谋道镇鱼木村。

(3)恩施州民族大观园(恩施土司城):国家AAAA级旅游景区,位于恩施州旗峰坝。

2. 民俗风情类

腾龙洞大峡谷地区土家族苗族人民的民俗风情种类繁多,包括民歌类、民俗类、节庆等多种形式,如龙船调、哭嫁歌、劳动号子、女儿会、敬洞神、牛王节等,均具有较高的艺术性和浓郁的地方特色。利川民歌《龙船调》广为传唱,被列为世界优秀民歌之一,为多次全国歌曲大赛的获奖歌曲。

对人文景观的主要保护措施如下:

(1)对现有人文景观进行严格保护,对非物质文化要加强整理和挖掘。

(2)严格禁止在文化遗产保护单位范围及控制范围进行各种工程项目建设和杜绝任何形式的商业活动。

(3)对国家重点文物保护单位已有损毁或可能损毁的部分按照确凿史料进行维护与修复。

(4)加强防火知识宣传,并建立防火监测机制、增设防火警报设施和消防设备建设,严防火情发生。

(5)疏通建筑内排水设施,防止积水对建设物的腐蚀。

(6)拆除建筑在古文化遗址上的居民住宅,还原古遗址原貌及古文化遗址的完整性。

(7)与当地文化局、文物局等相关单位进行合作,开展各类针对人文景观的保护宣传活动,使本地居民有意识地对人文景观进行保护。

(8)在严格履行审批手续的基础上,选取对核心景区影响较小的人文建筑进行复建,遵行"修旧如旧"的原则,严格控制建筑体量、色彩和风格,反映古建筑的原有历史风貌,展示当地文化,形成具有人文特色的地质公园。

第八章
地质公园周边旅游景观

DI BA ZHANG
DIZHI GONGYUAN ZHOUBIAN
LÜYOU JINGGUAN

周边自然旅游景观

1. 梭布垭石林

梭布垭风景区(图8-1)位于恩施市太阳河乡境内,石林由奥陶纪灰岩组成,总面积21km²,其植被居全国石林之首。现已开发出7km²,属典型的喀斯特地貌,是以石林为主的自然生态风景区,溶纹景观是其最重要的景观特点。

整个石林外形像一只巨大的葫芦,四周翠屏环绕,群峰竞秀。现有青龙寺、六步关、莲花寨、宝塔岩、磨子沟、锦绣谷、梨子坪及古柏民俗乐园八大景区100多个景点。这八景之中,遍布奇岩怪石,有的形若苍鹰望月,有的神似仙女回眸,有的恰似龙争虎斗,有的酷肖莲花朵朵。在石林边缘还有一条长3km、高10多米的地缝,迂回曲折,犹如迷宫,神秘莫测,在地缝中穿行,头上只见蓝天一线,两耳仅闻泉水淙淙,双眼难觅泉流何处。整个石林,千姿百态,万种风情,令人叹为观止。

图8-1 梭布垭石林(赵英槐 摄)

2. 齐岳山

齐岳山(图8-2)位于恩施州利川市西南部,景色优美,交通方便,距利川市区30km,海拔1500~1800m,总面积约80km²。齐岳山似一壁巍峨的城墙横亘西天,成为古时荆楚、巴蜀中间地带的一大屏障和军事要地。山上曾设有7处关隘,明末李自成余部夔东十三家首领刘太仓等在山上立营,坚守9年之久;1934年红三军也曾在此安营扎寨,多次打败前来围剿的敌军。故齐岳山有"万里城墙"之美誉。

齐岳山草场无垠,云海苍茫,风景美丽,设有多个跑马场、野营村、烧烤园、休闲山庄、宾馆等。这里夏季绿草茵茵、牛羊成群,现有跑马场3处,是南方难得一见的草原风光;冬季白雪皑皑、玉树琼枝,又是一派北国风光,是度假休闲的理想之地。

图8-2 齐岳山美景(利川市融媒体中心提供)

3. 龙船水乡

龙船水乡景区(图8-3)原名水莲洞,位于利川市凉务乡境内,面积30hm²(1hm²=0.01km²),距城区约10km。八百里的清江经景区蜿蜒而过,顺清江泛舟而下,江水碧绿如缎,风光秀丽,春意盎然。在这里,土家民风淳厚,土家儿女热情好客,土家歌舞如潮,土家摆手舞名扬天下,发源于此地的《龙船调》唱响世界,成为世界25首优秀民歌之一。

景区内的水莲洞被称为"天下第一水洞",水莲洞大洞套小洞,洞洞有奇观。洞里主要有九洞四桥三厅一亭一宫,布局合理,错落有致,景致奇特,洞内次生化学沉积物发育齐全,石

图8-3 龙船水乡景区(彭万庚 摄)

柱、石笋、石花别具一格,或晶莹如玉,或灿烂如金,或粗如浮图,或细如粉丝,恰是人间仙境。

4. 福宝山

福宝山原名"佛宝山"(图8-4),位于湖北省利川市汪营镇,因上面建有明代古刹白云寺而得名,总面积44.5km²,平均海拔1450m,年平均气温10.1℃。森林覆盖率达90%,有大小水库10多座,有3万多亩森林,数十种珍稀树种和珍贵药材以及1500亩人工平湖。最高月均温21.6℃,最低月均温1.4℃,是集旅游、科研、疗养、避暑及民俗风情考察的理想场所。

被誉为"世界莼菜之都""中国黄连之乡"的福宝山生态旅游区就是以福宝山林场为主体,包含福宝山药材总场及水库管理处部分地段。

图8-4 福宝山景色(张光陆 摄)

5. 苏马荡

苏马荡(图8-5),位于利川市谋道镇,地处齐岳山以北,海拔1500余米,面积20km,距利川城48km。东边是纵横奇美的磁洞沟峡谷,西边是一望无际的苍茫林海,南边是南方最大的草场齐岳山。

苏马荡气候四季分明,冬无严寒、夏无酷暑,年平均气温18℃左右,是盛夏的天然空调。苏马荡景区万余亩的森林基本上处于次原始森林状态,植被保持了多样性,千年杜鹃、满山红叶、天然园林、植物奇观独具特色。景区内有从石英砂岩中流出的优质矿泉水,苏马神水、凤凰泉闻名遐迩。苏马荡有"中国最美小地方之美誉"。每年五月,这里的银花杜鹃(别名映山红)、红杜鹃、紫杜鹃、白杜鹃竞相开放,姹紫嫣红,堪称百里"杜鹃长廊"。主要景点有将军观花、石龟凌空、后河秀色、峡谷云海等。

图8-5 苏马荡(赵英槐 摄)

6. 恩施大清江

清江是世界民歌《龙船调》里妹娃儿要过的河,是恩施人民的母亲河。恩施大清江景区(图8-6)距恩施市区仅37km,宛如一条蓝色飘带,或咆哮奔腾,或飞珠溅玉,或潜伏明流,洋洋洒洒八百里,东起巴东县水布垭镇,西至恩施港汾水港区,全长87km,是八百里清江的深水河段、中游区段和精华部分。这里有峡谷俊雄、石屏垂立、壁画神奇、瀑布飘逸、土家风情;这里春有百花,夏飞瀑,秋彩叶,冬雾雪。从古老的红花峡带你走到世界第一高坝。经过千万瀑布的洗礼,看过神奇的峡谷壁画,从春夏秋冬的自然变化,带你走进盐池女神的爱情神话。恩施大清江景区共有游船7艘,仿古船与大型游轮兼备,古韵与现代化相结合。

| 震撼腾龙洞　雄奇大峡谷
——湖北恩施腾龙洞大峡谷国家地质公园探秘

图8-6　恩施大清江景区(景区提供)

7. 恩施龙麟宫

龙麟宫景区(图8-7)位于恩施市城西麒麟溪源头,相传有龙潜于渊,宋雍熙年间见麒麟出洞,故名"龙麟宫"。景区距市中心8km,属地文景观类洞穴风景区,是国家AAA级旅游景区、国家级水利风景区。龙麟宫洞内峡深水幽,洞道纵横交错,泉眼、流水、地下河错置其间(图8-8)。洞中遍布石笋、石柱、石窟、石花、石瀑,形成千姿百态的岩溶景观,有浮桥、龙麟迷宫、定宫神针、龙凤呈祥、天河倒悬、玉参厅、明镜厅等40多个景点。龙麟宫已开发长度2500m,分为上、中、下3层,洞中有山,山中有洞,不仅景观独特,宛如仙境,还有神奇瑰丽的神话传说和丰富的民族文化积淀。洞内冬暖夏凉,平均气温20℃,尤其适合炎炎夏日避暑休闲。

目前已对龙麟宫重新进行了改造升级,充分运用高科技手段,让鬼斧神工的天然奇观与巧夺天工的光影技术高度融合,打造出新奇神秘的瑰丽幻境。浴火重生的龙麟宫,会给你不一样的溶洞体验,现在就让我们一起走进龙麟宫,探访这处地心秘境。

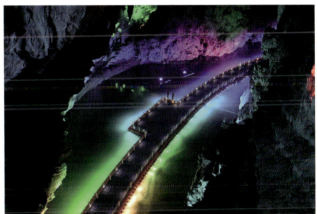

图8-7 恩施龙麟宫景区（景区提供）

图8-8 恩施龙麟宫的瑶池

周边人文旅游景观

1. 恩施土司城

恩施土司城(图8-9、图8-10)坐落在恩施市西北,属全国唯一一座规模最大、工程最宏伟、风格最独特、景观最靓丽的土家族地区土司文化标志性工程。

土司城包括门楼、侗族风雨桥、廪君祠、校场、土家族民居、九进堂、城墙、钟楼、鼓楼、百花园、白虎雕像、卧虎铁桥、听涛茶楼、民族艺苑等12个景区30余个景点。经原全国人大副委员长、著名社会学家费孝通先生题写为"恩施土司城"。

图8-9 恩施土司城大门

图8-10 恩施土司城九进堂(景区提供)

2. 恩施土家女儿城

土家女儿城(图8-11、图8-12)位于恩施市区七里坪,土家女儿城合理且精心谋划了整体建筑风格,将仿古与土家吊脚楼相结合,完美体现了土家族的民风民俗。

土家女儿城囊括了300家小商品、500间风情客栈、30家特色餐饮、40家美味小吃、8000m²景观草坪、10 000m²综合运动中心以及全国首创室内情景剧场——女儿城大剧院,同时还拥有湖北省内最大的水上乐园。恩施土家最负盛名的特色民俗相亲活动——女儿会,也永久落户土家女儿城。

图8-11 恩施土家女儿城(别建和 摄)

图8-12 恩施土家女儿城街区(别建和 摄)

3. 白鹊莲湖

白鹊莲湖(图8-13、图8-14)位于利川市东面,距离城区10km,距离腾龙洞景区约8km,318国道贯穿境内,人峡谷到腾龙洞观光线路途经此处,区位优势明显。其所在的白鹊山村共有13个村民小组,1820名村民,共有林地6650亩,耕地1523亩,森林覆盖率达69%。2016年白鹊山村被纳入全市乡村民宿旅游扶贫示范村,积极发展乡村旅游。2017年被评为湖北省首批金宿级民宿。目前全村共有民宿旅游经营户70户,796个房间,日可接待游客1600余人,而且实现了2户台湾民宿业主落户。白鹊山村先后获得了"美丽乡村""2018年恩施州魅力乡村""湖北旅游名村""第七批全国法制文明示范村"等荣誉称号。

图8-13 白鹊莲湖(景区提供)

图8-14 白鹊莲湖民宿(景区提供)

4. 鱼木寨

鱼木寨(图8-15)位于利川市谋道镇鱼木村,东距利川市61km,为全国重点文物保护单位。四周皆绝壁,在惊涛骇浪般的群山之中,突兀崛起一座孤峰,以峭壁深渊与周遭隔绝,鱼木寨占地6km²,居住着500多户土家村民。鱼木寨有土家古堡、雄关、古墓、栈道和民宅,是国内保存最为完好的土家山寨,景区内城堡寨墙、古栈道保存完好,数十座古墓石雕精湛,隘关险道惊心动魄,村民生产生活用具古朴传统,民族风俗别有风味,素有"世外桃源"之美称。

5. 大水井

大水井古建筑群(图8-16)坐落于利川市柏杨坝镇的莽莽群山之中,始建于清代晚期,是长江中下游目前规模最大、保护较好、艺术价值极高的古建筑群,集西方建筑与土家建筑

图8-15 鱼木寨(李传书 摄)

图8-16 大水井古建筑群(江汉 摄)

特色于一体。整个建筑群由李氏宗祠、李氏庄园和李盖五宅院三部分组成。1949年前是李氏集族权、政权、军权于一体的"土围子"。李氏宗祠及庄园建筑宏伟,修饰华丽。柱头及穿梁皆有雕花,飞檐和屋脊均有青花瓷碗碎片镶嵌成各种图案,彩楼、门窗都刻有工艺精巧的花鸟虫鱼等图案,天井内还有水池和各种精致的花坛,此外还有各种浮雕和楹联等,均保存完好。2002年,国务院将李氏宗祠、李氏庄园、李盖五宅院三部分批准为国家级文物保护单位。

少数民族风情资源

1. 土家族建筑吊脚楼

吊脚楼也叫"吊楼"(图8-17),为土家族、苗族、壮族、布依族、侗族、水族等传统民居。吊脚楼多依山靠河就势而建,呈虎坐形,以"左青龙,右白虎,前朱雀,后玄武"为最佳屋场,后来讲究朝向,或坐西向东,或坐东向西。吊脚楼属于干栏式建筑,但与一般所指干栏有所不同。干栏应该全部都悬空的,所以称吊脚楼为半干栏式建筑。

图8-17 土家吊脚楼

2. 土家族舞蹈

摆手舞是土家族古老的传统舞蹈(图8-18),主要流传在鄂、湘、渝、黔交界的酉水河和乌江流域,以重庆市秀山县、酉阳县,贵州沿河土家族自治县,湖北恩施自治州的来凤,湖南湘西自治州的龙山、永顺为主要传承地。

摆手舞分大摆手和小摆手两种。小摆手,土家语叫"舍巴"或"舍巴巴";大摆手,土家语称为"叶梯黑"。它集舞蹈艺术与体育健身于一体,有"东方迪斯科"之称。摆手舞反映了土家人的生产生活,如狩猎舞表现狩猎活动和模拟禽兽活动姿态,包括"赶猴子""拖野鸡尾巴""犀牛望月""磨鹰闪翅""跳蛤蟆"等10多个动作,被列入中国第一批国家级非物质文化遗产名录。

"肉连响"(图8-19)是指湖北利川土生土长的、以独特的肢体表演为主要形式的少数民族地方舞蹈品种,流行在利川市的都亭、柏杨、汪营一带。舞蹈主要以手掌击额、肩、脸、臂、肘、腰、腿等部位发出有节奏的响声而得名。

"肉连响"以往曾称"肉莲湘",动作与民间传统舞蹈"打莲湘"相仿。因舞蹈以其肉体碰击发出响声为其突出特色,乡民习惯称之为"肉连响"。"肉连响"舞蹈动作诙谐、明快,深受群众欢迎,但因表演难度大、动作要求高而使习艺者不多。2008年6月7日,湖北省利川市申报的"肉连响"被批准列入第二批国家级非物质文化遗产名录。

图8-18 土家族舞蹈——摆手舞(利川市融媒体中心提供)　　图8-19 土家族舞蹈——肉连响(吴华斌 摄)

3. 土家族民歌

在优美的地理环境和厚重的历史文化积淀中,土家族先民们创造了具有自己独特风格的民歌文化。土家族生活在大山里,由于交通不便,信息闭塞,人与人之间的交往和沟通,乃至情感上的交流,都十分困难。大山阻挡,隔河相望,难得一见,不得不以呼喊和唱山歌的方式来表达。于是就产生了山歌,其歌词内容非常丰富,形式变化多样。

比如,谈情说爱唱"情歌",倾诉苦情唱"苦歌",上山打猎唱"打猎歌",孤独寂寞唱"咏叹歌",比能赛智唱"盘歌",女儿出嫁唱"哭嫁歌",红白喜事唱"开席歌""劝酒歌",正月里来唱"说春歌",修房造屋唱"福事歌""上梁歌",百年归天唱"打绕棺""唱孝歌"……更有那套打锣鼓的"薅草歌",此起彼伏,催人奋进;开心逗趣的"扯谎歌",让人心向神往,捧腹大笑。《龙船调》(图8-20)是最著名的土家族民歌,已列入世界民歌。

图8-20 《龙船调》歌舞表演

4. 土家族婚俗哭嫁

土家族女儿出嫁时一定要会哭,谓之哭嫁,哭得动听,哭得感人的姑娘哭嫁有专门的"哭嫁歌",是一门传统技艺(图8-21)。土家姑娘从十二三岁开始学习哭嫁。过去,不哭的姑娘不准出嫁。现在,哭嫁仅在僻偏的山寨还有此习俗。土家族女儿出嫁时一定要会哭,谓之哭嫁,哭得动听、哭得感人的姑娘,

图8-21 土家族婚俗——哭嫁(张光陆 摄)

人称聪明伶俐的好媳妇。受封建礼教的影响,土家族儿女被包办婚姻,讲求"父母之命、媒约之言""门当户对"等条件。与此同时,土家族姑娘对包办婚姻不满而衍生的哭嫁现象就逐步表现出来并发展成内容丰富的文化现象。

5. 土家族节日女儿会

被誉为"东方情人节"的土家"女儿会"(图8-22),保存着古代巴人原始婚俗的遗风,是偏僻的土家山寨中与封建包办婚姻对抗的一种恋爱方式,是自发形成的以集体择偶为主要目的的节日盛会。其主要特征是以歌为媒、自主择偶。参加女儿会时,青年女子身着节日盛装,把自己最漂亮的衣服穿上,习惯把长的穿在里面,短的穿在外面,一件比一件短,层层都能被人看见,谓之"亮折子"或俗称"三滴水",并佩戴上自己最好的金银首饰。女儿会这天,姑娘们把用背篓背来的土产山货摆在街道两旁,自己则稳稳当当地坐在倒放的背篓上,等待意中人来买东西。小伙子则在肩上斜挎一只背篓,形如漫不经心的游子,在姑娘面前搭讪,双方话语融洽、机缘相投时,就到街外的丛林中去赶"女儿会",通过女问男答的对歌形式,互通心曲,以定终身。

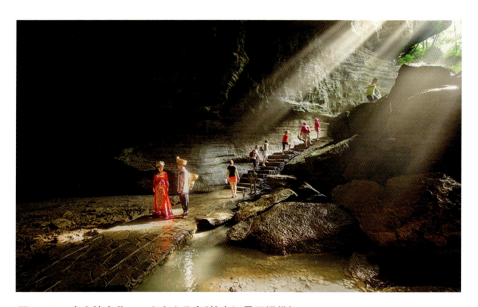

图8-22 东方情人节——土家女儿会(梭布垭景区提供)

第九章
旅游资讯
DI JIU ZHANG
LÜYOU ZIXUN

旅游交通

地质公园交通十分便利,水、陆、空交通方式相互补充。G50沪渝高速公路及318国道、209国道在境内穿越,宜万铁路纵贯全境。许家坪机场为恩施主要机场,已开通武汉、北京、上海、广州、深圳、西安、郑州、海口、太原等航线,每天可起降20余个航班。

主要火车站有恩施站、利川站、建始站、巴东站4处,其中的恩施火车站为宜万铁路的重要中转车站,隶属武汉铁路局宜昌车务段管辖,现为二等站;以恩施火车站、利川站为途经车站的铁路交通干线每天多达70条以上,可以通往北京、上海、广州、深圳、武汉、重庆、成都、杭州、郑州、南昌、福州、厦门、青岛、宁波、温州、宜昌、黄冈等地。

市内及地质公园园内交通便利,恩施机场及恩施火车站经恩施市屯堡镇到达恩施大峡谷,距离为60km,国道;恩施大峡谷经利川市团堡镇到达利川腾龙洞,距离为50km,国道。利川火车站至腾龙洞,距离为6km,旅游专线路;利川高速公路出口至腾龙洞,距离为6.5km,旅游专线路。

旅游产品

1. 茶叶

恩施玉露(图9-1)外形条索紧圆光滑、纤细挺直如针,色泽苍翠绿润。经沸水冲泡,芽叶复展如生,初时婷婷地悬浮杯中,继而沉降杯底,平伏完整,汤色嫩绿明亮,如玉露,香气清爽,滋味醇和。观其外形,赏心悦目;饮其茶汤,沁人心脾。2007年3月5日,国家质量监督检验检疫总局批准对"恩施玉露"实施地理标志产品保护。

图9-1 恩施玉露(唐极品干茶)(润邦提供)

利川红(图9-2)核心产区是利川市。利川市自然条件优越,山地林木多,河流多,森林覆盖率85%以上,生态植被极好,气候温暖湿润,土层深厚,雨量充沛,云雾多,很适宜于茶树生长。当地茶树的主体品种——中茶108、鄂茶10号、鄂茶1号、槠叶齐、本地小叶种内含物丰富,酶活性高,很适合于红茶的制作。

图9-2 利川红(星斗山提供)

2018年4月28日,国家主席习近平与印度总理莫迪在武汉东湖会晤期间饮用的就是"恩施玉露"和"利川红"这两种茶。

2. 药材

恩施药材丰富,主要有利川黄连、窑归、板党、当归、天麻、贝母、田七等,利川黄连和恩施板桥党参最为著名。

利川市春迟夏凉,秋早冬寒,日照较少,为黄连生长提供了得天独厚的自然条件。利川市栽培黄连已有300多年的历史,是全国黄连的重要产地。黄连是毛茛科多年生常绿草本植物,又名味连、雅连,因外形酷似鸡爪,又被称为鸡爪黄连(图9-3)。

黄连药用其根茎,其性寒、味苦、无毒,具有泻炎解毒、清热燥湿的功能,也有消炎灭菌、建胃止痢、清肝明目等奇效。用连须、连渣混合加工,可精制成黄连粉,药效仅次于根茎。连须、

图9-3 利川鸡爪黄连(陈小林 摄)

连渣还可加工成畜禽用药,经济、实用、效果好。

板桥党参(图9-4)是恩施著名的中药材品种,中国国家地理标志认证产品,原产于恩施州板桥镇,1981年7月被正式确定为"中国板党",也称"板桥党参",简称"板党"。板桥党参,有效成分含量高,品质优良,被称为中国四大名党参之首。

图9-4 板桥党参

板党是恩施州传统名贵中药材之一,栽培历史悠久。性喜凉爽、潮湿条件,垂直分布在海拔1200~1800m之间,主产于恩施、建始、利川等地,以恩施市板桥镇产量最多、品质最佳。板党每克含硒量达$0.04×10^{-6}$,在内质和外形上较国内其他品种均有明显差别,其根含挥发油、黄芩素、多种葡萄糖、微量生物碱、皂甙、蛋白质等成分。它条直且长,头小,身粗,尾细,分枝少,皮皱,糙米色,菊花心,糖质软,嚼之无渣,尤以晒干后不返糖而利于长期保存。板党以根入药,有补中、益气、生津之功效,主治脾胃虚弱、肺气不足、体倦无力、心悸气短、肺虚等症。板党亦可做药膳,用板党炖肉佐餐,补中壮阳。

3. 土特产

(1)利川团堡山药(图9-5),又名"薯蓣",为多年生缠绕藤木,有青藤、白藤、红藤3种。利川山药在利川市有1500多年的种植历史,地道的山珍佳肴,是来自山野的"绿色之风",以块茎大、根须大、根须少、皮薄、肉细、味美而著称,富含硒等稀有微量元素,性平味甘,无副作用,是医疗上一种常用中药,也是人们喜食的一种上乘滋补蔬菜和天然保健品。

(2)莼菜(图9-6),又称马蹄草、荨草、水葵,是一种高等多年水生植物,叶片呈椭圆形,正面绿色,背面暗红色,叶柄细长。莼菜口感滑润,为其他任何蔬菜所不及,堪称一绝。2004年,被国家质量监督检验检疫总局确定为国家地理标志产品予以保护。

(3)柏杨豆干,因产于利川市柏杨坝镇柏杨村而得名。明清以来,利川柏杨集镇一带就大量生产豆干,并被当地官员列为朝廷贡品,深受朝廷皇族们的喜爱。豆干制作传统工艺沿袭几百年传承至今,成为人们喜爱的地方风味小吃。

柏杨豆干主要以优质地产大豆、龙洞湾泉水和若干种天然香料为原料,经过水洗、浸泡、研磨、过滤、滚浆、烧煮、包扎、压榨、烘烤、卤制、密封等十几道独特工序加工而成。柏杨豆干在整个制作过程中,其特殊性就是不用石膏及其他任何化学品,奥妙就在于当地泉水和传统工艺中。有"出此山,无此水,便无正宗柏杨豆干"之说,柏杨豆干制作工艺是制豆腐业中的一绝。

图9-5 利川团堡山药(廖显荣 摄)

图9-6 利川福宝山莼菜(周静 摄)

柏杨豆干(图9-7)色泽金黄,美味幽长,绵醇厚道,质地细腻,无论生食还是热炒,五香还是麻辣,均有沁人心脾、回味无穷之感。经质量技术监督、卫生防疫等部门检验,柏杨豆干产品符合国家标准,内含丰富蛋白质、多种维他命,以及钙、锌、钠、硒等多种微量元素,保质期可达8个月以上,有"固体豆浆"之美称。柏杨豆干是地方特色很强的产品,其他地方很难复制。

图9-7 柏杨豆干(陈小林 摄)

(4)"西兰卡普"(图9-8、图9-9)是一种土家族织锦。在土家语里,"西兰"是铺盖的意思,"卡普"是花的意思,"西兰卡普"即土家族人的花铺盖。土花铺盖受到土家族人民的珍爱,被视为智慧、技艺的结晶,被称作"土家之花"。按照土家族习惯,过去土家姑娘出嫁时,都要在织布的机台上制作美丽的"西兰卡普",即土花铺盖。

土花铺盖,最醒目的艺术特征是丰富饱满的纹样和鲜明热烈的色彩。土花铺盖的图案纹样包括了自然物象图案、几何图案、文字图案各个大类,其共同的特点:一是几何图案占着较大的比例,二是图案纹样富于变化,三是喜用吉利、喜庆的寓意和山区花草、鸟兽的主题,从中可以看到勤劳智慧的土家族人民对于生活的热爱。

图9-8 西兰卡普织锦（李勇 摄）

图9-9 西兰卡普织锦（围巾）

4. 观赏石

在区内，最为著名的观赏石有清江云锦石和菊花石两种。

1）清江云锦石

清江云锦石（图9-10）主要产于恩施市区上游一带的清江河谷地带。其形成的过程为：具碳酸盐岩的砾石，在特定的地形和水文地质条件下，经过较长的间歇性溶蚀—凝聚—再结晶过程，形成不规则的层状包裹的钙华，再经漫长的河水冲刷磨蚀，最后形成具有特殊结构层次和雕塑状云纹状的珍稀观赏石。

云锦石属举世无双的"天然雕塑"，中国观赏石协会会长寿嘉华特为中国云锦石题词："云锦奇石，恩施独帜"。其披甲藏胎、花团锦簇、神雕天镂等特质，世界唯一，概括了传统的

图9-10 清江云锦石（湖北省地质局第二地质大队提供）

"瘦、透、漏、皱、透、丑"；现当代赏石，为集色、形、纹、质、意、奇、神的美学视维及人文、自然、科学于一体的赏石文化大组合。它千姿百态、争奇斗艳，赏它像立体的画，读天籁的韵诗，让人百观不厌、千赏不烦，是恩施奇异山水奉献给世界的天然艺术珍品。

2）菊花石

菊花石是生长在中二叠统栖霞组中下部含菊花石的灰岩、生物灰岩、泥灰岩中。它是由天然的天青石（$SrSO_2$）或异质同象的方解石（$CaCO_3$）矿物构成花瓣，花瓣呈放射状对称分布组成白色花朵，花瓣中心由近似圆形的黑色燧石（SiO_2）构成花蕊，活似天工制作之怒放盛开

的菊花,故名菊花石(图9-11)。

菊花石周围的基质岩石为灰岩或硅质砾石灰岩,灰岩中偶尔含有腕足类和珊瑚化石,给菊花石增添了生命活力。菊花花瓣为多层状,具立体感。花朵大小不一,最大者直径30cm,最小者3cm,一般10cm左右。花形各异,有绣球状、凤尾状、蝴蝶状等。白色晶莹的菊花陪衬黑色基质岩石的底色,黑白分明,古色古香,偶尔点缀几个古生物化石,更显得生动奇特,故采来未加工的标本就颇受观赏石收藏家们的青睐,因它本身就是一幅天然美丽的图画。若以它精工雕琢成工艺品,更是锦上添花,精美绝伦。

图9-11 菊花石

迄今为止,在世界上其他国家尚未发现有关菊花石的报道。我国湖南浏阳在300多年前就发现了这种珍稀的工艺原料,直至现在还在开发利用,是我国最早开发、雕琢菊花石的工艺品基地。

菊花石资源稀少罕见,目前世界上仅在我国湖南、湖北、陕西、江西等地有所发现。湖北菊花石产于恩施地区,又称三峡菊花石,最早于1987年在宣恩县长潭河发现,之后在恩施市、建始县也有发现。

5. "土家有礼"系列产品

"土家有礼"旨在继承和弘扬土家族优秀的历史文化、创新非遗技能、开发文化IP、提升农产品设计等,通过文创产品、旅游纪念品、伴手礼等载体展示土家族的民俗、风物、歌舞、技艺等元素,解决武陵山区文化产品、农特产品提高附加值及变现等问题。"土家有礼"成立于2018年初,现有土家游礼、土家农礼、土家文礼、土家茶礼、土家药礼、土家俗礼、土家喜礼、土家着礼、土家车礼九大类产品,拥有"土家有礼"注册商标十九大类,产品投放市场4年来,得到了市场的肯定以及广大消费者的认可。这些系列产品曾获得"2018中国特色旅游商品大赛铜奖""2020中国文创新品牌最具特色新品牌奖""2021首届湖北礼品十大创意礼品"等荣誉(图9-12)。

图9-12 "土家有礼"系列产品所获荣誉

地方美食

1. 土家油茶汤

土家油茶汤(图9-13)是一种似茶饮汤质类的点心小吃,香、脆、滑、鲜,味美适口,提神解渴,是土家人传统的非常钟爱的风味食品,故有民谚曰:"不喝油茶汤,心里就发慌","一日三餐三大碗,做起活来硬邦邦"。同时,喝油茶汤又是土家人招待客人的一种传统礼仪,凡是贵客临门,土家人都要奉上一碗香喷喷的油茶汤。

2. 张关合渣

合渣,又名懒豆腐(图9-14)。恩施土家人对合渣有着深厚的感情,特别是在兵荒马乱之年,由于粮食奇缺,合渣救下了不少人的性命,流传有"辣椒当盐,合渣过年"的民谚。如今,合渣已不是恩施人逢年过节才能吃的"奢侈品"了,平时在家里都能吃上合渣,许多餐馆更是把它当成一道特色菜上桌供应,深受顾客的青睐。

图9-13 土家油茶汤(江汉 摄)

图9-14 张关合渣(牟显荣 摄)

3. 土家腊肉

土家人家家都兴养年猪,主要是图过年时有肉吃,过年吃不完的,土家人便把它制成腊肉(图9-15)。这样肉不仅便于保存,而且肉色更加好看。把腊肉放在锅里烹煮,香飘十里,勾人食欲。腊肉是土家人招待客人摆在席上的主菜。

4. 凤头姜

因其形似凤头而得名,又名"来凤姜"(图9-16、图9-17),是来凤县民间经过长期选育稳定下来的地方优良生姜品种。其姜柄如指,尖端鲜红,略带紫色,块茎雪白。凤头姜无筋脆嫩,富硒多汁,辛辣适中,味美可口,开胃生津,风味独特,醇香浓郁持久,为姜中独具特色之佳品,在全国生姜品种中独树一帜,因而早已是东南亚市场青睐的畅销品。

图9-15 土家烟熏腊肉(江汉 摄)

图9-16 来凤姜原产品(别建和 摄)

图9-17 来凤姜开胃菜(陆玲 摄)

5. 鲊广椒

它也称为鲊辣椒(图9-18),是以恩施本地鲜红辣椒和苞谷面(玉米面)为主要原料加工而成。恩施境内的土家人特别酷爱酸辣,有"三日不吃酸和辣,心里就像猫儿抓"的民谚。鲊广椒正是在这样的背景下发明的,并在恩施这块土地上长盛不衰。

图9-18 鲊广椒(赵露 摄)

住宿设施

酒店名录

酒店名称	所在县市	酒店星级	酒店地址	联系电话
恩施国际大酒店有限公司	恩施市	四星	恩施市东风大道264号	0718-8221595
怡和国际大酒店	恩施市	四星	恩施市施州大道30号	0718-8242087
恩施亚洲大酒店	恩施市	四星	恩施市舞阳坝舞阳大街一巷122号	0718-8279627
恩施富源国宾酒店（恩施朗宁酒店管理有限公司）	恩施市	四星	恩施市小渡船航空路	0718-8224483
女儿寨酒店	恩施市	四星	恩施市沐抚办事处营上村	0718-8819688
朗曼国际大酒店	恩施市	四星	恩施市土桥大道10号	0718-8266666
利川时代开元名都大酒店	利川市	高端	利川市滨江北路99号	0718-7996666
利川国际大酒店	利川市	四星	利川市清江大道216号	0718-7298113
利川市尚品国际酒店	利川市	四星	利川市清源路88号（电信局旁）	0718-7811111
利川时代大酒店	利川市	三星	利川市体育路1号	0718-7267111
利川万德大酒店	利川市	三星	利川市滨江北路路口	0718-7015666
利川龙船大酒店	利川市	三星	利川市东城路237号	0718-7258888
利川米兰酒店	利川市	商务酒店	利川市南环大道88号米兰春天	0718-7386666
利川半岛丽景酒店	利川市	商务酒店	利川市滨江北路	0718-7299888

旅游服务

旅行社名录

单位名称	地址	联系电话
湖北途之乐旅行社有限公司	恩施市舞阳坝街道办事处火车站商贸一小区12-7号	0718-8021569
恩施玖辰国际旅行社有限公司	恩施市舞阳坝街道鄂旅投·龙凤生态城首开区4-12楼105间商铺	0718-8255881
恩施州博裕国际旅行社有限公司	恩施市舞阳坝街道枫香坪村万福国际办公楼1幢605室、606室	0718-8233920
恩施众游旅行社有限责任公司	恩施市龙麟宫路33号	0718-8955737
湖北臻鸿研学旅游有限公司	恩施市航空大道欧逸家苑16栋二单元304室	15671882232
湖北妙程国际旅行社有限公司	恩施市舞阳坝街道火车站还建二小区137号501	0718-8908181
湖北省硒之蓝国际旅行社有限公司	恩施市舞阳坝街道火车站二小区146号	0718-8110978
湖北省皓施长恒旅行社有限责任公司	恩施市小渡船街道旗峰坝检测站旁2层01室	0718-8026092
湖北享途国际旅行社有限公司	恩施市舞阳坝街道枫香坪村万福国际办公楼1幢908室	13403008966
恩施市硒望之旅旅游有限公司	恩施市舞阳坝街道金子路农产品加工园区自建房A栋6层	0718-8992219
湖北臻途国际旅行社有限公司	恩施市舞阳坝街道香枫坪村(万福国际)办公楼栋1-414号	0718-8986399
湖北省盛世美美游国际旅行社有限公司	恩施市舞阳坝街道施州大道998号(维也纳酒店一楼)	18897446666
恩施峡州国际旅行社有限公司	恩施市航空大道171号广城国际大厦1幢1单元901室	0718-8269016
湖北品途国际旅行社有限公司	恩施市舞阳坝街道火车站移民小区四排18号3楼	0718-8268588
恩施市桥尚旅行社有限公司	恩施市华硒农产品批发市场18栋12号门面2楼	15172935070

续表

单位名称	地址	联系电话
恩施市锦荣旅行社有限公司	恩施市金龙大道碧桂园天樾7栋1703室	0718-8900200
湖北小二国际旅行社有限公司	恩施市舞阳坝街道金子坝路504号	18695009669
恩施韵鹏国际旅行社有限公司	恩施市马鞍山路41号12栋一层	19102765810
恩施华典国际旅行社有限公司	恩施市舞阳坝街道办事处耿家坪村1#综合楼幢101-501号	0718-8789906
恩施市华享国际旅行社有限责任公司	恩施市马鞍山路41号女儿城酒吧街区24栋105号	0718-8110322
湖北硒州旅行社有限公司	利川市东城街道办事处马桥社区十组53号	13117143444
利川圆融旅行社有限责任公司	利川市东城办事处关东村二组	0718-7262455
湖北忆川旅游发展有限公司	利川市东城街道办事处关东村5组东城路209号二楼	0718-7966266
恩施州卓途旅游服务有限公司	利川市东城街道办事处腾龙大道北2号	19871072888
恩施州杭竹旅行社有限公司	利川市东城街道办事处胜利路17号二楼	0718-7299499
湖北盐阳旅游文化有限责任公司	利川市东城街道办事处关东村五组(腾龙大道16号)	0718-7386068
利川春秋国际旅行社有限公司	利川市都亭街道办事处清源路88号	0718-7102898
湖北武周旅游文化有限公司	利川市清江大道107号	13907267505
利川市大尺度旅行社有限公司	利川市谋道镇药材村三组	0718-7232112
湖北硒施美生态旅游发展有限公司	利川市西城榨木村一组(龙船大道131号)	0718-7386123
利川市龙船调民宿旅游开发有限公司	利川市滨江路传媒大楼9楼	0718-7238810
利川市海外旅行社有限公司	利川市腾龙大道37号(国泰名都)	0718-7297996
恩施州人民旅行社有限责任公司	利川市都亭街道办事处教场村6组(体育路57号)	0718-7290966
利川市青年旅行社有限公司	利川市体育路1号	0718-7261000
恩施州骄阳旅行社有限公司	利川市清源大道34号	0718-7285551
湖北省利川腾龙国际旅行社有限公司	利川市体育路(丽晶广场一楼)	0718-7266696

旅游景区名录

景区名称	质量等级	景区地址	负责人
恩施大峡谷景区	AAAAA	恩施市沐抚办事处甘堰塘	黄世吉
恩施州利川腾龙洞景区	AAAAA	利川市腾龙大道1号	孙大力
恩施州恩施土司城景区	AAAA	恩施市土司路138号	孙福民
恩施州梭布垭石林景区	AAAA	恩施市太阳河乡梭布垭	李　楠
恩施州利川龙船水乡景区	AAAA	湖北省利川市凉雾乡	傅直超
恩施州利川大水井文化旅游区	AAAA	利川市柏杨镇水井村	周振超
恩施州恩施市土家女儿城旅游区	AAAA	恩施州恩施市	李宗奎
恩施州利川玉龙洞旅游区	AAAA	利川市团堡镇樱桃井村	钟华光
恩施州利川市佛宝山景区	AAAA	利川市佛宝山开发区	田远畅
恩施州龙麟宫景区	AAA	恩施市高桥坝出水洞村	孙福民
恩施州利川市朝阳洞景区	AAA	利川市南坪乡朝阳村十七组	王　波
恩施州枫香坡侗族风情寨	AAA	恩施市芭蕉乡枫香坡	马苏娥
恩施市二官寨景区	AAA	恩施市盛家坝乡二官寨	杜　鹃
恩施州利川市丽森休闲度假村	AAA	利川市南坪乡营上村十五组	吴红玉
恩施鹿院坪景区	AAA	恩施市板桥镇新田村	方　敏

精品线路

1. 综合旅游路线

腾龙洞→土司城→大峡谷二日游

龙船水乡→大水井→大峡谷二日游

腾龙洞→佛宝山→大峡谷二日游

坪坝营→大峡谷→土司城二日游

坪坝营→唐崖河→腾龙洞→大水井三日游

腾龙洞→大水井→大峡谷→土司城→梭布垭三日游

神农溪→野三峡→梭布垭→大峡谷三日游

腾龙洞→佛宝山→大峡谷→土司城→龙麟宫三日游

神农溪→野三峡→梭布垭→大峡谷→腾龙洞→坪坝营5～7日游

土司城→大峡谷→腾龙洞→大水井→神农溪5～7日游

神农溪→野三峡→大峡谷→腾龙洞→佛宝山→坪坝营5～7日游

土司城→大峡谷→龙船水乡→大水井→神农溪5～7日游。

2. 专题考察路线

✈ 一日游路线2条

腾龙洞一日游：利川东北陈家坝→划船至龙须桥，步行至售票处，过"卧龙吞江"→腾龙洞《夷水丽川》→腾龙洞三元厅→返回洞口回利川城区。

大峡谷一日游：大峡谷服务中心→云龙河地缝→索道→七星寨→峡谷轩酒店→一炷香→母子情深→峡谷春酒店→扶手电梯→返回市区。

✈ 二日游最佳路线4条

腾龙洞精品科普二日游：利川东北陈家坝→划船至龙须桥西侧，步行至售票处，过"卧龙吞江"→腾龙洞《夷水丽川》→腾龙洞三元厅→毛家峡出口→住"三龙门"→一龙门、二龙门、三龙门→观彩峡、独家寨→簸箕天坑→住利川市区。

大峡谷精品科普二日游：大峡谷游客服务中心→索道→七星寨→峡谷轩酒店→一炷香→母子情深→峡谷春酒店→《龙船调》实景剧场→住女儿寨→云龙河水库→云龙河地缝。

"三龙门"→清江古河床→白鹊山民宿→野猫水、宜影古镇→玉龙洞→雪照河→利川市区，特点：穿洞群、古河床、古建筑、多姿多彩的梦幻洞穴、高山峡谷、省级金宿级民宿休闲。

朝东岩精品科普及野外生存训练二日游：利川团堡→大瓮天坑→石板岭→朝东岩→棠秋湾龙头石(夜宿营地)→小溪河峡谷→仓洞→穿洞湾→金龟→318国道团堡。特点：峡谷、洞穴、天坑和夜宿营地组合。

✈ 三日游最佳路线

利川市区→乘车至景区售票处,过"卧龙吞江"→腾龙洞《夷水丽川》→腾龙洞三元厅→毛家峡出口→住"三龙门"→"三龙门"→观彩峡、独家寨→簸箕天坑→朝南村→雪照河电站→团堡→《龙船调》实景剧场→住女儿寨→大峡谷游客中心→云龙河地缝→索道→七星寨→峡谷轩酒店→一炷香→母子情深→峡谷春酒店→住女儿寨。

✈ 中国山地马拉松越野赛

腾龙洞售票处,徒步经"卧龙吞江"→腾龙洞三元厅→毛家峡出口→"三龙门"(图9-19)→观彩峡、独家寨→骑自行车行至黑洞→划船经雪照河至凉桥→骑行经玉龙洞→雪照河电站→徒步上山至小楼门→倒灌水停车场→骑行下山经云龙河璧合大桥→大峡谷游客中心停车场。

图9-19 穿越"三龙门"(中国利川山地马拉松越野赛)

咨询投诉

地质公园管理部门

湖北恩施腾龙洞大峡谷国家地质公园管理局,湖北省恩施市施州大道123号,0718-8215949

地质公园所在地文化和旅游局

恩施土家族苗族自治州文化和旅游局,湖北省恩施市金子坝路传媒中心对面,0718-8222143

恩施市文化和旅游局,湖北省恩施市恩施市市府路69号,0718-8223003

利川市文化和旅游局,湖北省利川市滨江北路传媒大厦,0718-7282235

主要参考文献

董炳维,1987.腾龙洞洞穴系统及其开发价值[J].桂林:中国岩溶,6(4):323-326.
李江风,周学武,周永彪,等,2017.恩施大峡谷的故事[M].武汉:中国地质大学出版社.
沈继方,李焰云,徐瑞春,等,1996.清江流域岩溶研究[M].北京:地质出版社.
苏潇,2010.湖北省恩施市沐抚岩柱群地貌特点及成因分析[D].成都:成都理工大学.
袁道先,1988.岩溶学词典[M].北京:地质出版社.

网站

百度网:https://www.baidu.com
搜狗网:https://www.sogou.com

内部资料

湖北省水文地质队,1977.1:20万恩施幅水文地质普查报告[R].
四川地质局208队,1981.1:20万忠县幅水文地质普查报告[R].
鄢志武,等,2006.湖北利川腾龙洞省级地质公园综合考察报告[R].
鄢志武,等,2006.湖北利川腾龙洞省级地质公园总体规划[R].
鄢志武,等,2013.湖北恩施腾龙洞大峡谷国家地质公园综合考察报告[R].
鄢志武,等,2016.湖北恩施腾龙洞大峡谷国家地质公园规划[R].
鄢志武,等,2017.湖北恩施腾龙洞大峡谷国家地质公园地质遗迹名录[R].
鄢志武,等,2017.湖北恩施腾龙洞大峡谷国家地质公园导游词[R].
鄢志武,等,2018.湖北恩施腾龙洞大峡谷国家地质公园科普考察线路说明书[R].
鄢志武,等,2018.湖北恩施腾龙洞大峡谷国家地质公园地质科学调查与研究报告汇编[R].

后 记

时光飞逝,岁月如梭;从2004年秋季,一次偶然的机会,我们团队一行来恩施进行地质环境考察。这是我们第一次来恩施,从喧嚣的都市出发,当我们一踏上这片土地,就仿佛置身于世外桃源之中,带给我们的是"空灵与通透"的感觉,不由自主地就喜欢上了这片仙境般的灵秀之地。后来,随着利川腾龙洞、恩施大峡谷国家地质公园勘查及规划设计工作的开展,每年都会来到这里,慢慢地对此地的自然与人文资源有了更深入的了解,当然也就有了更多的感悟。兴许是对这片神奇之地有一种特殊的情感,让我们对这儿的"山、水、洞、峡"感到格外的亲切。

2005年4月开始,我们团队先后受利川市国土资源局、恩施市国土资源局和恩施州国土资源局的邀请,来利川市腾龙洞和恩施市恩施大峡谷及周边地区开展地质遗迹和地质景观的野外调查工作,提交省级地质公园和国家级地质公园的系列申报材料,当时,我们还真没有意识到,腾龙洞和恩施大峡谷地区从最初的地质调查到最终正式进入国家地质公园行列竟然走过了15个春夏秋冬,其所耗时之长、洞穴和清江伏流探测的危险程度之高,在中国地质公园的建设史上都堪称"空前绝后",所有这一切归结于我们对这片山水洞峡的热爱,以及科学开发地质资源造福人民的责任感与使命感。

本书所用的数据资料大多来源于我们的实地调研,有些图文资料是第一次披露及刊出,还有些甚至是在极其危险的情况下获得的,从而保证了图文资料的客观真实性。

2019年12月,恩施腾龙洞大峡谷国家地质公园申报、规划及批复等全部工作告一段落。从整个调查和书稿撰写过程中,何端儒、唐超斌、张晓洪、黎雨、柴海燕、李江敏、邓亚东、李举子、邓九生、丁开军、花家清、全成元、罗成贵、武才学、张成武等参与工作;我们先后得到了曹安俊、程水源、王友章、姚世成、曹微、周永彪、朱德浩、黄保健、陈伟海、张远海、卜永喜、别建和、黄大铭、吴时刚、张祖廷、刘进、陈林、钟兴科、金兴红、刘应文、黄保华、张剑裴、曹家胜、文理、谭志雄、杨佳军、孙福民、李冬洲、刘应忠、宋谧、孙大力、黄睿、李恒达、罗天驹、吴林峰、刘洪浩、牟俊能、钟华光及温勇等专家领导的帮助与支持；研究生董勇、童壁、向飞、苏红、杨茜、程雪松、徐松华、陶沙、李新宁、吴明瑶、陈惠敏、顾延景、单志敏、闫保群、郭瑞、赵俊明、左桠菲、徐家红、廉小莹、陈安、陆仙梅、田风菊、王红梅、丁克平、黄凌、肖莹、冉清蓉、王垚、廖朝敏、李荣坤、谢云虎、田琪、陈依芳、管园苹、丁午阳、赵孟莹等参与调研及资料整理；胡成勇、江汉、别建和、张光陆、蔡涛、彭一新、周静、李勇、牟显荣、陆玲、赵露、利川市融媒体中心签约摄影师赵英槐、陈小林、彭万庚、李传书、吴华斌、廖显蓉等提供部分景区及土特产品照片；邹雄艳参与图片及文字整理，对此我们深表谢意。

作者团队
2022年5月于武汉